现代光学工程精品译丛

复杂光学元件的制造

——从模具设计到产品

Fabrication of Complex Optical Components
From Mold Design to Product

[德] 埃卡德·包克勉（Ekkard Brinksmeier）
[德] 奥尔特曼·里默（Oltmann Riemer）
[德] 拉尔夫·格里布（Ralf Gläbe） 主编

杨 红　汪志斌　杨 烁　王润荣　译
　　　　　　　　　张云龙　审校

国防工业出版社

·北京·

著作权合同登记号　图字：军—2020—023 号

图书在版编目(CIP)数据

复杂光学元件的制造：从模具设计到产品/(德)埃卡德·包克勉，(德)奥尔特曼·里默，(德)拉尔夫·格里布主编；杨红等译.—北京：国防工业出版社，2022.6

书名原文：Fabrication of Complex Optical Components：From Mold Design to Product

ISBN 978-7-118-12469-9

Ⅰ.①复… Ⅱ.①埃… ②奥… ③拉… ④杨… Ⅲ.①光学元件—制造　Ⅳ.①TH74

中国版本图书馆 CIP 数据核字(2022)第 082589 号

First published in English under the title
Fabrication of Complex Optical Components：From Mold Design to Product
Edited by Ekkard Brinksmeier, Oltmann Riemer and Ralf Gläbe
Copyright © 2013 Springer-Verlag Berlin Heidelberg
This edition has been translated and published under licence from Springer-Verlag GmbH.

本书简体中文版由 Springer 出版社授权国防工业出版社独家出版发行，版权所有，侵权必究。

※

国防工业出版社出版发行
(北京市海淀区紫竹院南路 23 号　邮政编码 100048)
三河市腾飞印务有限公司印刷
新华书店经售

*

开本 710×1000　1/16　插页 1　印张 12　字数 220 千字
2022 年 6 月第 1 版第 1 次印刷　印数 1—2000 册　定价 96.00 元

(本书如有印装错误，我社负责调换)

国防书店：(010)88540777　　书店传真：(010)88540776
发行业务：(010)88540717　　发行传真：(010)88540762

译者序

本书是德国亚琛工业大学、美国俄克拉荷马州立大学和德国不来梅大学在德国研究基金会的专项资金资助下开展的跨国合作研究项目的学术成果之一。本书通过光学加工行业多位细分领域的权威专家联合编撰的方式，较为全面地涵盖了不同类型的材料加工中的模具设计、模具制造、镀膜工艺、测量方法以及跨站点合作中的质量管理问题。作为德国第一个工程化的跨区域科研合作重大专项项目，"复杂光学元件的复制工艺链"（SFB/TR 4）的项目成果密切结合了工程实践应用，为读者了解和掌握复杂光学元件制造工艺提供了重要渠道。

本书从复杂光学元件复制工艺的整体质量控制和管理入手，深入研究了光学模具制造和光学元件加工工艺中的新技术，对玻璃和塑料元件复制工艺中的技术难点进行了重点介绍，并提供了复杂光学元件成品的在线测量方法。通过结合光学设计与加工、全面的测量手段和质量管理方法，在模具设计、硬质膜层、模具制造、复制工序和计量等方面提供了全方位技术说明，为读者提供了系统了解和学习复杂光学元件制造工艺的重要渠道。本书重点聚焦于光学加工工艺链的整体管理思路与每一工艺步骤的具体实施方式和操作过程。工艺链的整体管理部分主要从宏观角度分析成功实现复杂光学元件加工流程所需的管理思路与科学管理方案，通过基于互联网的工艺链控制方法等先进理念，形成一套建立工艺架构矩阵的系统方法，有助于解决多工作站点联合研发与生产的整体项目管控。

本书由西安应用光学研究所的同事合作完成：杨红高级工程师负责第 1、3、7、8、9 及第 10 章的翻译，汪志斌高级工程师负责第 2 章和第 11 章的翻译，杨烁工程师负责第 4、5 及第 6 章的翻译，王润荣高级工程师负责第 12 章的翻译。张云龙研究员对整书内容进行了详尽的技术审校。

本书的译校和出版过程中，得到了西安应用光学研究所所长助理闫杰研究员、科技情报室主任邵新征研究员和情报高级主管田民强研究员、工艺室主任杨海成研究员、苏瑛研究员以及人力资源处赵琳处长的大力关怀和帮助，在此谨对以上同志表示衷心感谢。

本书获装备科技译著出版基金项目的资助。立项过程承蒙长春理工大学姜会林院士和西安工业大学刘卫国教授的推荐，出版过程中国防工业出版社编辑肖姝提供了支持与帮助，在此表示特别感谢。

希望通过本书的翻译和出版，为国内光学加工领域的科研工作者和工程技术人员提供理论基础与实践指导，为了解和研究光学元件的复制工艺提供科学途径，为国内光学装备的研制与工程应用发挥推动作用。

原著中一些明显的笔误、印刷错误已在翻译时改正，囿于译者水平，译著中错误及欠妥之处在所难免，恳请读者指正。

译　者

2022 年 3 月

前言

在过去的几十年中,光学技术已经逐渐发展成为一项关键的工程技术。起初,在光学元件和光学系统的开发中仅限于对连续的表面进行加工。但近几年来,对具有扩展功能的元件的需求越来越高,这就使得结构化的表面和自由曲面变得越来越重要。这类面形结构应用领域很广,例如,反射或折射结构可用于汽车照明系统、薄膜晶体管(TFT)面板的光照分布以及交通标志和安全反光警示服的反光带中,而衍射结构可用于色差校正或安全应用等领域。在消费性光学产品中,尤其需要大量功能强大且价格低廉的零件。只有通过玻璃或塑料复制工艺才能经济实惠地生产这些零件。为了达到所需的质量等级,仅仅靠优化加工过程是不够的,必须考虑整体工艺步骤,即工艺链。

在20世纪90年代后期,我的同事、亚琛工业大学的 Manfred Weck 教授和美国俄克拉荷马州立大学的 Don A. Lucca 教授,都清楚地认识到了这种需求,因而产生了在亚琛、不来梅和斯蒂尔沃特之间开展合作的想法。虽然之前也一直在通过德国生产工程学会(WGP)和国际生产工程科学院(CIRP)频繁地交流科技信息,但这次合作的目的是直接将三所大学的科学家联合起来,对复杂光学元件的制造进行专题研究。恰巧,德国研究基金会(DFG)刚刚发布了一种新的合作研究基金资助计划:德国跨区域科研合作重大专项项目(SFB/TR),旨在资助这类合作。基于此,三所大学就"复杂光学元件的复制工艺链"这一研究主题给出了一个提案。

目标是将光学模具制造和玻璃或塑料复制工艺中的新兴技术广泛地结合起来。在加工方面,重点放在自由曲面光学元件的工艺上,如金刚石铣削、超精密磨削或计算机数字控制机床(CNC)控制抛光。另外,考虑了诸如玻璃光学元件的压坯以及注射成型、注射压缩成型等复制工艺。为了获得一个全盘的工艺思想,将整体的光学设计和全面的测量框架以及质量管理也结合起来。在此基础上,在设计、硬质涂层、模具制造、复制和测量等领域总计提出并定义了16个子项目。最初的提案成员包括来自亚琛工业大学的 Klocke 教授、Michaeli 教授、Pfeifer 教授和 Weck 教授,来自斯蒂尔沃特市俄克拉荷马州立大学的 Lucca 教授,以及来自不来梅大学的 Brinksmeier 教授、Goch 教授、Mayr 教授以及 Mehner 博士、Preuß 博士、Riemer 博士和 Stock 博士。

经过积极的评估后,2001年德国研究基金会通知我们该提案获得资助。这项研究基金资助项目也成为德国第一个工程化的跨区域科研合作重大专项项目。该项目的研究工作最终在 2001 年 6 月 1 日正式启动，由 Oltmann Riemer 博士担任总负责人。后来，这一任务被 Ralf Gläbe 博士接管，一直到 2012 年 6 月 30 日，该 SFB/TR 4 项目结束。

经过 11 年的共同努力，可以肯定地说，在此期间，3 个工作站点之间的联结方式是其他资金手段无法实现的。此外，SFB/TR 4 项目使我们在光学领域有了深厚的知识积淀，而这些是在单个项目中无法实现的。来自 SFB/TR 4 项目的各种出版成果，如学位论文、会议论文、原创期刊论文，已在国内和国际上获得了研究机构和业界的认可。众多科学家曾在 SFB/TR 4 项目中工作，他们已经发表了 300 多项出版成果，其中包括 17 篇学位论文。

本书第 1 章详细介绍了 SFB/TR 4 项目产生的最重要的出版成果。在 SFB/TR 4 项目的最后阶段启动的 7 个转化项目也是该项目获得成功的另一个证明，这些转化项目会将最有前景的成果转化到工业应用中。

作为 SFB/TR 4 项目的协调员，我谨代表所有德国跨区域科研合作重大专项项目 SFB/TR 4 的同事和受资助的工作人员向德国研究基金会表示诚挚的谢意，特别感谢 Hollmann 博士提供的技术指导以及 Effertz 博士在最后融资阶段的财务建议。此外，我还要感谢相关大学的主管部门多年来的持续支持。

Ekkard Brinksmeier
2012 年 8 月于不来梅

目 录

引言 ··· 1

第1章 复杂光学元件复制过程中的全面质量管理 ······························· 6

1.1 概述 ··· 6
1.2 全面质量管理 ·· 7
1.3 流程链管理器 ·· 9
1.4 基于互联网的流程链控制 ·· 11
1.5 小结 ··· 13
致谢 ·· 13
参考文献 ·· 13

第2章 复杂光学塑料模具组件的设计 ·· 15

2.1 概述 ··· 15
2.2 光学塑料元件的设计准则 ·· 16
2.3 单腔注射压缩模具的开发 ·· 16
    2.3.1 模具型腔的填充 ·· 16
    2.3.2 模具动/定半模的定心 ··· 17
    2.3.3 用于注射压缩成型的密封圈 ··· 18
2.4 双腔注射压缩模具的开发 ·· 19
    2.4.1 动/定半模的定心 ··· 20
    2.4.2 注射压缩成型浇口的封闭 ··· 21
    2.4.3 通过模具一体化压缩芯进行注射压缩成型 ······················· 21
    2.4.4 分型面锁模机构 ·· 22
2.5 小结 ··· 23
致谢 ·· 23
参考文献 ·· 24

第3章 塑料光学元件:复制工艺和塑料材料 ······································· 25

3.1 概述 ··· 25

3.2 光学元件的复制工艺 ·· 26
 3.2.1 注射成型工艺 ··· 26
 3.2.2 注射压缩成型工艺 ··· 27
3.3 测量技术 ·· 29
 3.3.1 几何精度 ··· 29
 3.3.2 光学性能 ··· 30
3.4 复制工艺的比较 ·· 31
3.5 用于光学元件的塑料材料 ·· 34
 3.5.1 聚甲基丙烯酸甲酯 ··· 34
 3.5.2 环烯烃共聚物 ··· 35
 3.5.3 聚碳酸酯 ··· 35
 3.5.4 聚碳酸酯共聚物 ··· 35
 3.5.5 微晶聚酰胺 ··· 35
 3.5.6 聚甲基丙烯酰甲亚胺 ··· 35
 3.5.7 聚醚砜 ··· 36
 3.5.8 液体硅胶 ··· 36
3.6 小结 ·· 36
致谢 ·· 36
参考文献 ·· 37

第4章 自由曲面塑料光学元件模具的加工 ·· 39

4.1 概述 ·· 39
4.2 飞刀切削 ·· 40
4.3 球头铣削 ·· 44
4.4 非圆车削 ·· 45
4.5 高动态轴的控制系统设计 ·· 46
4.6 小结 ·· 47
致谢 ·· 47
参考文献 ·· 47

第5章 采用金刚石加工微结构模具 ·· 49

5.1 概述 ·· 49
5.2 模具结构的加工工艺 ·· 50
 5.2.1 金刚石车削工艺 ··· 51
 5.2.2 金刚石铣削工艺 ··· 52

5.2.3　既不使用旋转刀具也不使用旋转工件的工艺(间歇切削) ……………… 52
5.3　微结构模具的适用材料 ……………………………………………………… 54
5.4　用于微结构加工的金刚石刀具 ………………………………………………… 55
　　　5.4.1　金刚石微凿切的专用刀具设计 …………………………………………… 56
5.5　加工时间 ……………………………………………………………………… 57
5.6　微结构加工中的刀具磨损 ……………………………………………………… 58
5.7　小结 …………………………………………………………………………… 59
致谢 ………………………………………………………………………………… 59
参考文献 …………………………………………………………………………… 59

第6章　可金刚石加工的新型氮化工艺模具钢 ……………………………… 61

6.1　概述 …………………………………………………………………………… 61
6.2　氮化和氮碳共渗 ………………………………………………………………… 62
6.3　加工条件 ……………………………………………………………………… 63
　　　6.3.1　设备 ……………………………………………………………………… 63
　　　6.3.2　在氨和氮的混合物中氮化 …………………………………………………… 63
　　　6.3.3　添加一氧化碳或二氧化碳进行氮碳共渗 …………………………………… 65
　　　6.3.4　两步法工艺 ………………………………………………………………… 65
　　　6.3.5　钢中的合金元素 …………………………………………………………… 66
6.4　金刚石加工 …………………………………………………………………… 67
6.5　金刚石车削 …………………………………………………………………… 68
6.6　金刚石铣削 …………………………………………………………………… 71
6.7　用于光学复制的模具镶件 ……………………………………………………… 73
6.8　小结 …………………………………………………………………………… 74
致谢 ………………………………………………………………………………… 74
参考文献 …………………………………………………………………………… 74

第7章　精密玻璃成型工艺中模具镶件的新加工工艺 ……………………… 76

7.1　概述 …………………………………………………………………………… 76
7.2　旋转对称玻璃透镜的工艺链 …………………………………………………… 77
7.3　复杂透镜阵列的工艺链 ………………………………………………………… 80
7.4　小结 …………………………………………………………………………… 86
参考文献 …………………………………………………………………………… 86

第8章　平滑和结构化模具的确定性抛光 …………………………………… 88

8.1　概述 …………………………………………………………………………… 88

8.2 抛光的基本机理 ·· 89
    8.2.1 模具钢的抛光 ·· 90
    8.2.2 先进陶瓷的抛光 ·· 91
    8.2.3 碳化钨的抛光 ·· 92
8.3 模具和模具衬套加工行业的抛光工艺 ·· 93
    8.3.1 抛光策略和影响参数 ·· 93
    8.3.2 缺陷表 ·· 95
8.4 自由曲面的计算机控制抛光 ··· 96
    8.4.1 驻留时间受控的抛光 ·· 96
    8.4.2 加工系统——自适应抛光头 ·· 97
    8.4.3 区域抛光工艺开发 ·· 98
8.5 结构化模具的抛光 ·· 99
    8.5.1 抛光机床 ·· 99
    8.5.2 振动抛光材料去除的表征 ··· 99
8.6 小结 ·· 102
致谢 ··· 102
参考文献 ·· 102

第9章 复杂光学玻璃元件的复制工艺链 ·· 105

9.1 概述 ·· 105
9.2 设计和有限元仿真 ·· 106
    9.2.1 仿真目标 ·· 106
    9.2.2 热模型建模和结构建模 ··· 107
    9.2.3 折射率变化建模 ·· 108
    9.2.4 模具设计与制造 ·· 108
9.3 模具制造 ··· 108
9.4 用于玻璃模压的膜层 ··· 110
9.5 玻璃成型 ··· 111
9.6 光学性能的测量 ··· 112
9.7 小结 ·· 114
致谢 ··· 114
参考文献 ·· 115

第10章 新型硬质膜层的沉积、制备和测量 ·· 117

10.1 概述 ··· 117

目录   XI

　　10.1.1　精密玻璃模压模具的保护膜层 ······························· 117
　　10.1.2　用于塑料注射成型的金刚石可加工膜层 ······················· 117
　　10.1.3　膜层的性能要求 ··· 118
10.2　PVD 膜层的沉积和表征 ··· 119
　　10.2.1　磁控溅射工艺 ··· 119
　　10.2.2　PVD Ti-Ni-N 膜层的结果 ····································· 119
10.3　溶胶-凝胶膜层 ··· 121
　　10.3.1　溶胶-凝胶膜层工艺 ·· 121
　　10.3.2　溶胶的合成 ·· 123
　　10.3.3　用于玻璃模压模具的薄溶胶-凝胶 ZrO_2 膜层 ················· 123
　　10.3.4　用于注射成型的二氧化硅基溶胶-凝胶膜层 ···················· 124
　　10.3.5　二氧化硅复合膜层的力学性能 ·································· 127
　　10.3.6　二氧化硅复合膜层裂纹的形成 ·································· 128
　　10.3.7　二氧化硅复合膜层的化学特性 ·································· 129
　　10.3.8　二氧化硅基溶胶-凝胶膜层的加工 ······························ 134
10.4　通过光热法表征膜层 ·· 136
10.5　小结 ··· 139
致谢 ·· 139
参考文献 ·· 139

第 11 章　光学表面的原位和在线测量 ···································· 142

11.1　概述 ··· 142
11.2　粗糙度的测量 ··· 143
　　11.2.1　粗糙度测量系统 ·· 143
　　11.2.2　散射光测量过程的仿真 ··· 144
　　11.2.3　仿真和测量结果 ·· 146
11.3　干涉仪的面形测量 ··· 148
　　11.3.1　测量系统的设置 ·· 148
　　11.3.2　空间相移技术在位置空间中的应用 ····························· 149
　　11.3.3　相位恢复和解释 ·· 151
　　11.3.4　复杂物体表面波的传输 ··· 151
　　11.3.5　自动聚焦算法 ··· 152
　　11.3.6　装置的自动调整 ·· 155
11.4　小结 ··· 155
致谢 ·· 155

参考文献 ··· 155

第12章 光学元件制造和测量的历史、现在和未来 ················· 158

12.1 概述 ··· 158
12.1.1 光学加工的早期研究 ································· 158
12.1.2 材料 ··· 158
12.2 制造 ··· 159
12.3 仪器 ··· 159
12.3.1 早期的测量方法 ································· 159
12.3.2 早期测量粗糙度的光学方法 ······················ 160
12.3.3 早期测量粗糙度的触针式方法 ··················· 161
12.3.4 早期测量面形的光学方法 ·························· 161
12.3.5 早期采用接触法测量曲率的方法:球径仪法 ·············· 162
12.4 现在和未来的表面及测量方法 ································· 163
12.4.1 触针式仪器与光学仪器的比较 ···················· 163
12.4.2 纹理和形状 ································· 164
12.4.3 高陡度表面 ································· 166
12.4.4 新表面、新挑战 ································· 168
12.4.5 自由曲面 ································· 168
12.4.6 光学测量方法的趋势 ································· 170
12.4.7 共焦光学系统 ································· 170
12.4.8 扫描白光干涉仪 ································· 171
12.5 小型化 ··· 173
12.6 软件和数学增强 ································· 174
12.6.1 提高衬底的细节分辨率 ································· 175
12.6.2 厚膜和薄膜测量 ································· 175
12.6.3 自由曲面模具的特征拟合 ······························ 176
12.7 其他事项 ··· 177
12.8 小结 ··· 179
参考文献 ··· 180

引 言

Ekkard Brinksmeier, Oltmann Riemer, Ralf Gläbe

光子学技术是众多高科技产品的关键使能技术。拥有最大市场份额的是消费类产品,如视频投影仪、数码相机和照明光学系统中的光学元件。这些光学元件大多数都是通过复制工艺制造的,因为这是大批量生产复杂光学元件费效比最高的方法。以更低的成本获得更高的精度、更短的上市时间等需求以及最终的激烈竞争使得这些元件的制造工艺更加高效。这一制造过程是由几个工艺步骤组成的,从设计开始,到复制过程结束。虽然这些工艺的研发以及连续工艺步骤间的相互作用为工业改进带来了巨大的潜力,但仍然需要对其进行进一步科学研究。

2001 年,德国跨区域科研合作重大专项项目 SFB/TR 4"复杂光学元件的复制工艺链"启动。它由 18 个紧密合作的项目组成,旨在实现同一目标:提高复杂光学玻璃和塑料元件的复制精度,并降低应用工艺链中所需的迭代次数。这些子项目是在 8 个研究机构中进行的,分别位于德国不来梅大学、德国亚琛工业大学和美国俄克拉荷马州立大学。

总体来说,这项联合研究的重点是复制光学元件,如数码相机镜头、激光光束整形光学器件和照明光学器件。这些消费产品都有中等或更大的产量,从几千到数百万。众所周知,产品成本在下降,但所需的性能却在提高。例如,手机摄像头的性能在不到 5 年的时间里从不到 1 兆像素提升到超过 5 兆像素,而与此同时,价格却大幅下降了。因此,这些精度越来越高的大批量光学元件,不得不实现更低成本、更高效率的制造。直接加工这些光学元件的技术已经有了全面的发展,但是,它们无法充分满足当前消费品对大批量复杂光学器件的需求。因此,产品数量庞大时,复制是不可避免的。

在光学制造中,全自动复制技术是在 20 世纪 90 年代开发的,现在已经成为所有消费型产品的关键技术。如今,用于成像和照明光学系统的玻璃及塑料元件的复制技术已经非常发达。取得当前进展的驱动因素是发光二极管(LED)照明、分辨率更高的数码相机光学器件以及视频投影仪光学器件。对这些新型光学系统的挑战性要求(如设计紧凑、重量轻、性能高)已经将透镜的光学设计从单一的球面转向非球面透镜以及自由曲面和结构化透镜。这些类型的光学元件在设计和光学表面建模、模具加工、元件复制、测量和质量管理方面遇到了新的挑战。

显然,制造形状复杂的高质量光学元件需要许多工艺步骤。光学元件的确定性制造所需步骤的顺序被称为"工艺链",其定义为"从设计到制造元件所需的一系列完整的生产步骤,包括测量和质量控制在内的所有相关因素"。"确定性制造"意味着要对整个工艺链有整体认识。因此,连续工艺步骤中必须考虑所有后续步骤和在先步骤之间的偏差。换句话说,在一个工艺链中,许多完善的高生产率工艺步骤未必能够满足高质量光学元件的高生产率制造需求。如果面形精度或表面质量受到一个或多个工艺步骤的影响,就必须对复制过程进行调整,通常需要调整整个工艺链。这种迭代并不简单,因此,既耗时又昂贵。所以,必须找到一个解决方案来减少迭代步骤的数量。这一点可以通过分别优化工艺链的每个步骤,或通过处理整个工艺链的偏差和边界条件来实现,或者更可取的是通过将两种方法相结合来完成。

复制光学元件的标准工艺链通常包括以下步骤:光学(元件的外形)设计、模具和模具镶件的设计、模具加工、硬质膜层(可能有)以及复制过程。此外,为了确定整个工艺链的质量,有必要测量模具镶件和复制元件的面形与粗糙度。为了减少迭代次数,工艺链的各个步骤之间还需要有一种标准的通信和数据交换方式。从技术和实践角度来看,需要以完全不同的方式来处理玻璃和塑料复制工艺链,并且还必须区分连续光学元件和结构化光学元件的工艺链。

本书是根据工艺链、加工步骤、技术以及光学表面的分类来组织架构的。由于SFB/TR 4项目是一个高度跨学科的研究项目,本书的大多数内容都集中在连续光学元件和结构化光学元件的塑料和玻璃复制相关的关键问题上。本书介绍了SFB/TR 4项目在11年中取得的主要成就。此外,还给出了几百项出版成果和许多博士论文,以便读者有全方位的了解。在每章的结尾列出了相关性最强的一些文献。此外,在诸多德国国内和国际会议、讲习班和研讨会中发表了多项项目成果。为了与行业和学术界进行集中讨论,SFB/TR 4项目成功举办了6次德国全国性会议和3次国际会议,所有会议均有来自工业界和学术界的人士参加。

2007年,SFB/TR 4项目的第一项成果开始从基础研究走向工业应用。到目前为止,SFB/TR 4项目中出现了7个与工业界合作的转化项目,涉及工艺链的各个主要方面,包括模具设计、模具制造工艺、新型模具材料和新型测量装置。

SFB/TR 4项目也能够承担所有学术研究的一般使命,即通过教学和讲座传播新知识。在这种背景下,我们建立了一个基于网络的电子学习讲座,来自3个工作站点的9名讲师参与其中。讲座用英语授课,可通过基于网络的学生门户网站进行访问。

本书涵盖了工艺链中的几个方面。第2章讨论了如何组织光学复制工艺链的问题,尤其是多个工作站点位于不同的地点时。给出的解决方案同时解决了技术和组织方面的难题。第 3~7 章专门研究塑料复制技术。重点放在模具设计方面,必须要考虑诸如温度管理、压制周期和模具镶件的对准精度等标准。最后一个标准(模具镶件的对准精度)对于前侧和后侧有限定光轴的光学元件越来越重要,在这种光学元件中,对准很关键。为了减小收缩引起的面形偏差,进行了深入的仿真和实验研究。第 4 章阐述了复制过程,包括注射成型和注射压缩成型。但是,在塑料复制中,由于光学材料的非均匀密度会导致折射率变化,理想面形的模压元件无法保证高光学质量。通过对模具填充过程的详细研究,明确了塑料成型过程中的主要挑战。

第 5 章介绍模具镶件的制造技术。金刚石加工是一种用于加工塑料复制模具镶件的光学表面的先进技术。目前,光学设计通常用于不能通过传统的车削和铣削操作加工的非球面和自由曲面的光学表面。本章将给出定制的飞刀切削、球头铣削和非圆车削操作(如快刀加工工艺),从而扩大了可加工的几何面形的范围。本章包括材料和加工参数的选择以及编程和数据处理问题。这些因素与加工策略和可实现的表面质量密切相关。

虽然上述加工技术解决了连续表面的制造问题,但是,结构化表面必须通过不同的处理方式获得。第 6 章首先对最重要的结构类型进行归类;然后讨论了最新的创新结构技术;最后提出了一种称为"金刚石微凿切"(DMC)的新技术。该技术是在 SFB/TR 4 项目中开发的,用于加工小锥体腔阵列,无需电偶复制件。因此,它可以用来对尺寸在 $50\sim500\mu m$ 之间的结构进行机械加工,例如,逆向反射立方角阵列。

上述的金刚石加工技术受到材料范围的限制,仅限于铝、铜、镍磷和镍银,用金刚石加工钢仍然是一个难题。在 SFB/TR 4 项目中,开发了一种金刚石加工钢的新技术,目前正在研究中。第 7 章介绍了其底层的基本思想。工件表层的铁被转为氮化物,从而获得可采用金刚石刀具加工的复合层。通过使用该技术,化学反应性降低了几个数量级。本章讨论了与传统金刚石加工操作相对比的要求。

接下来的章节重点介绍玻璃的复制。第 8 章详细介绍了精密成型光学玻璃元件所用的模具镶件的新加工工艺。为了满足玻璃成型工艺的要求,模具镶件材料比塑料成型工艺所用材料更硬、更耐高温。这些材料通过研磨和抛光来加工。本章介绍了一种用于预修整和仿形砂轮的新型电火花线切割工艺(wire-EDM),该工艺可用于加工复杂面形(如柱面透镜阵列)。但是,为了使成型模具的表面粗糙度达到光学级质量,随后的抛光过程是必需的。为此,引入了新的轮廓抛光方法。通过这种工艺步骤的组合可以实现较低的表面粗糙度和较高的面形精度。

第 9 章介绍了已开发的抛光技术,重点介绍了全自动抛光工艺。尽管钢的抛光已经长达数十年,但是如何评估抛光后的材料缺陷仍然是一个挑战。本章讨论了自由曲面的计算机控制抛光算法及其在定制机床中的实现过程。通常,非连续结构仍然需要手动抛光,特别是腔体结构。为了使该过程完全自动化,已经开发了定制和适应性刀具运动方式。

第 10 章讨论了使用碳化钨模具进行玻璃成型的主要问题,即模具设计、模具制造、模具镀膜以及成型工艺本身。本章最后提出了一种减少光学玻璃元件的快速制造所需的迭代步骤的方法。其中主要的一点是引入一种先进的仿真工具。

在玻璃和塑料复制过程中,模具镶件表面会受到较高的机械、化学和热负荷。虽然有些模具材料能够承受这种负荷,但硬质膜层将有助于提高模具寿命。第 11 章介绍了物理气相沉积(PVD)和溶胶-凝胶膜层的开发。通过溶胶-凝胶技术可以制备又厚又没有裂纹的有机-无机混合膜层,该膜层可用于连续和结构化的光学模具镶件。此外,可以改变镀膜方法,使溶胶-凝胶层能够用金刚石加工。这些膜层可以通过 SFB/TR 4 项目介绍的一种新型后续离子辐射方法进一步硬化并具有优良的力学性能。

除了工艺链中的设计和制造步骤外,测量模具镶件和复制元件的几何形状与粗糙度也是必不可少的。第 12 章提出了面形和粗糙度的原位测量与在线测量技术。新开发的基于散斑的粗糙度测量系统测量速度快,而且非常稳健。因此,可以很好地应用于加工过程中的粗糙度测量。透镜面形的精确测量通常通过干涉测量法来实现。因此,本章验证了一种用于全自动干涉测量的设置及自定义算法,该算法适用于透镜复制工艺中的自动原位测量。

第 12 章由德国联合研究中心(SFB)的客座科学家 David Whitehouse 教授执笔。他给出了对光学元件测量的全面看法。他最后表示,通过数学程序和算法可以挖掘测量学的最大潜力,因为通过这些算法和程序能够提高最先进仪器的性能,并且还能够实现全自动测量。

SFB/TR 4 项目汇集了众多顶尖的科学家,他们与工业界在既富有挑战性又蓬勃发展的杰出技术领域密切合作,开展了前沿研究。

所有子项目都开发了新的技术,并以显著的优势将现有工艺提高到最先进水平。还开发了一种超级协调对话(尤其是对于在异地执行的工艺链),并对工艺链相关数据进行了标准化化使用,以促进在整个工艺链中准确无误地进行通信。SFB/TR 4 项目的工作重点是自由曲面的加工。这种类型的光学元件能够满足当前和未来市场的需求。此外,很显然,该技术可用于高精密光学元件(如高精度球面和非球面透镜)的确定性制造中,因为它能够考虑到复制过程中的收缩。换句话说,要加工高精度的球面透镜和非球面透镜,自由曲面模具的几何形状和/或每一个工艺步骤的高度发达的技术是必不可少的。前沿工艺链的最后一步是面形、粗糙度和亚表面特性的快速在线测量或原位测量。即使在这方面,SFB/TR 4 项目也开发了具有工业意义的技术。

所有已开发和研究的方法与工艺以及对整个工艺链相关的影响因素的整体看法为确定性工艺链提供了基本步骤。

致　谢

本书的所有作者和所有其他现任与前任项目组成员以及主要研究人员衷心感谢德国研究基金会(DFG)对德国跨区域科研合作重大专项项目SFB/TR 4"复杂光学元件的复制工艺链"的资助。

第1章
复杂光学元件复制过程中的全面质量管理

Robert Schmitt, Peter Becker

全面质量管理(TQM)是一种长期的商业战略,它以客户、员工和流程导向三大原则为基础。全面质量管理中的所有工作都以持续提升公司业绩为核心。这种全局性的研究方法对于复杂元件(如高度复杂的光学元件)的跨站点生产链尤其有利。在子项目M5质量链管理中,采用了全面质量管理方法来开发基于互联网的软件工具。流程链管理器(PCM)保障了流程链的协调。特别是流程导向,它是流程链管理器中的一个关键要素。流程链管理器有助于管理不同的流程步骤以及协调在单个流程链中各步骤之间的接口。此外,它也维护了负责保障流程顺利进行的员工以及位于每个流程链末端并提出高标准质量要求的客户的利益。

1.1 概　　述

关键能力的专业化以及去中心化是制造业竞争力的一个主要要素。如今,制造是不同供应商、分供应商以及实际制造商之间的互动。成本效率、资源效率以及偶合的质量领导力,使企业能够顺利而巧妙地协调和管理其跨站点生产链。因此,在协同生产网络中通过建立能够良好运行的跨站点或跨企业生产链将最终产品的所有必要技术条件结合起来是非常重要的[Sch03]。

这种跨站点合作不容易处理,可能会因为一些问题而导致失败,例如,一般性误解、缺少各自未共享的信息、不精确的规范以及各参与公司之间的文化差异等。多项研究表明,50%~90%的跨站点或跨企业合作是失败的,或者没有达到相关企业的预期效果[Fon95]。此外,随着产品复杂性的不断增加,这种跨站点流程链的复杂性也在增加。这样就导致了针对复杂产品(如在德国跨区域科研合作重大专项项目SFB/TR 4中生产的自由曲面光学元件或非球面透镜)的高度复杂的流程链。

在这种情况下,全面质量管理理念是一种比较合适的方法,它能够通过专注于公司业绩的持续提升并满足客户期望来围绕整个问题创建一个框架[Eng96]。作为一项长期的商业战略,全面质量管理以三大原则为基础,即客户、员工和流程导向。

除了确保高质量产品这一主要目标外,全面质量管理还有助于提高整个流程的质量。这样可以减少故障,减少非生产性的工序,减少浪费和返工。所有这些负面因素都是对客户毫无用处的成本和时间浪费,因此,必须予以防范[Pfe01]。

1.2 全面质量管理

全面质量管理是以石川馨(Ishikawa)的企业全面质量管理(CWQC)理念为基础的。由于主要是日本公司通过企业全面质量管理取得了显著成功,因此该方法中通过结合其公司环境和理念,进行了改进和拓展[Sch10]。到目前为止,关于全面质量管理的定义,还没有统一的国际共识,因此,有关此术语确实有各种不同的观点[Zol06]。尽管如此,通过各种研究已经科学地证明,实施全面质量管理可以改善公司的业绩[War04,Exb02,Efq05,Tan05]。

如图 1-1 所示,全面质量管理包含 3 个要素:"全面"(total),就公司的整体而言,包括流程、客户和员工,再加上"质量"(quality)和"管理"(management),这些都通过一个持续改进的流程联系在一起。

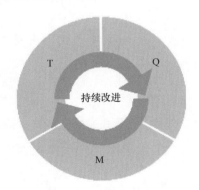

图 1-1 全面质量管理

根据"代表质量的是回头客而非退货产品"的原则,全面质量管理的主要目标是内部和外部客户的满意度,尤其是客户偏好的遵从性。因此,要实施全面质量管理,公司必须以客户及其满意度为中心[Sch10]。

鉴于此,全面质量管理不能在公司的单个部门实施,而是要渗透到整个公司中,从高层管理人员到每一位员工。想要成功实施全面质量管理,需要满足两个关键的需求。第一个需求是一个系统的企业战略[Seg07,Zol06]。当然,这一战略必须由高层管理人员在所有员工的参与下实施。管理层意识到并相信全面质量管理的潜力和价值是非常重要的。但是,全面质量管理可能并不是一种普通的方法。相反,最高管理层需要建立全面质量管理的基本条件,从而推动合适的项目在整个公司实施全面质量管理。要完全实施全面质量管理,除了这个战略,还必须有功能实现。在第一步战略实施中,主要是管理层制定整体战略,但在第二步功能实现中,则需要对战略中的各个规范定义明确的资格认定办法,并定期评估现状。在这种情况下,员工将其任务视为对整体目标的贡献是至关重要的。为了达成这样的共识,公司的总体目标和战略必须公开传达给每位员工[Sch10]。

除了已经提到的员工和客户要素外,全面质量管理概念中的流程导向也非常重要,并且它能够将3个要素结合在一起,因此,下面将重点介绍流程导向。

强调流程导向是由于认识到了这一点,即如果组织内相互关联的工作得到了很好地理解,那么组织将更有效地发挥作用。这就要求用一种总体的方法来分析和评估所有相关的流程链。

要进行系统评估,首先需要定义一个流程。能够接收输入并随后将此输入转换为输出的每项工作都可以被视为一个流程。这种流程的系统性调节和实施以及单个流程步骤之间的接口可以被描述为流程导向。在这种情况下,内部和外部客户规范确实起着至关重要的作用。因此,每个下游流程步骤都被视为客户,他们的愿望、目标和问题必须认真对待。这就要求对整个流程链进行全面的考虑,以便进行深入的分析。从最末端的客户开始,进入一种所谓的"回溯流",一直到流程链的起点。这样能够考虑到每个流程步骤以及负责每个流程步骤的每个相关人员[Sch10]。

成功实施流程导向后的主要优势在于,管理层可以基于事实作出决策,并专注于与超越企业绩效相关的目标[Sch10]。

在跨区域合作研究中心的SFB/TR 4项目中,最终客户来自光学元件的使用行业。该行业涵盖非常广泛的交叉领域,从生产技术、测量学、生命科学到能源技术和信息技术[May07]。

光学元件的市场正在稳步扩大,尤其是带有光电系统的消费品所用的光学元件。这是由于该类产品周期极短,在价格不断下降的同时,效用在不断提升。

带有集成摄像头的手机是光学元件应用领域的一个生动的范例,这类产品的开发在整个行业中都堪称典范。因为手机的使用寿命相对较短,且消费者数量较多,所以对手机的需求一直居高不下。集成摄像头的质量是手机的一个关键要素,因此,必须满足客户的期望。这些期望包括较高的图像分辨率、最小的手机尺寸以及最小的嵌入式光学元件尺寸,简单而具有竞争力的复制工艺以及高度复杂的几何形状[Tra07]。

对于全面质量管理来说,意味着确保客户的这些期望得到满足。这是带来热情的客户的关键因素,如图1-2所示。

然而,只有在所有必要的流程都具备相应的能力且运行良好的情况下,才能生产出卓越的产品。因此,必须要有上进的员工。图1-2以合理的排布方式显示了

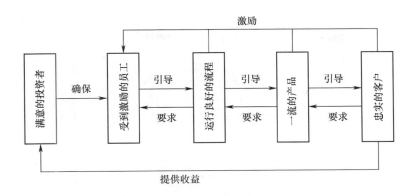

图 1-2 全面质量管理中的因果关系

全面质量管理方法中的所有因果关系,并强调了运行良好的流程链对产生卓越的产品的重要性。

在德国跨区域科研合作重大专项项目 SFB/TR 4 中,主要目标是生产高度复杂的光学元件,如非球面透镜或自由曲面元件。当然,这些产品的流程链也同样很复杂,其组织工作是一项具有挑战性的任务。为了保障和促进这项任务,在子项目 M5 质量链管理中开发了"流程链管理器"。流程链管理器的基本思想源自全面质量管理方法的子域流程导向,下面将对其进行详细介绍。

1.3 流程链管理器

一般来说,协同工程流程本质上可以被描述为非结构化和以信息为中心的流程[Men03]。因此,需要一种系统性方法来保证工作流程的顺利进行。

一个流程链通常包含几个流程步骤,这些步骤在各个流程要素之间的组织和技术接口上具有广泛的依赖关系。跨站点流程链的实际或感知到的复杂性与成功完成生产所需的信息以及单个流程步骤之间的地理距离相关[Sch08]。针对此问题,已经开发出一种系统性方法,如图 1-3 所示。

对于光学元件的生产来说,这种方法意味着,在第一步中,必须采用一种特殊类型的透镜对技术原型的规格进行说明。规格中必须列出几何尺寸、光学功能、表面质量、面形精度和透镜材料等要素。为了保证能够提及关于产品的所有所需的信息,采用了一个通用参数模型进行规格设置。

第二步是编制连续生产所定义的透镜所需的所有相关流程步骤,如图 1-4 所示。在每个流程步骤中只描述一种技术,并且必须由一个人直接负责此步骤。

在对整个流程链进行详细的可视化之后,还需要协调交付物在各个单独的流程步骤之间的交换,从而防止负责流程步骤的操作员丢失信息,进而导致整个流程

图1-3 流程链规划和控制的6个步骤

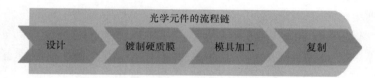

图1-4 光学元件的典型流程链

链失败。根据对完善的流程链的分析,信息关系不仅存在于连续的流程步骤的接口之间,而且存在于整个流程链中,无论步骤之间是否直接关联[Pet01]。在图1-5中可以看到单个流程步骤之间的所有信息关系的可视化,即流程结构矩阵(PSM)。

流程规划方法的第三步是开发一个流程结构矩阵,如图1-5所示。图1-4中的初始流程步骤将排列在矩阵的主对角线上。矩阵中剩余的每个单元都表示交换信息或材料的两个流程步骤之间的一个接口。各流程步骤之间的每个接口都记录了上一流程步骤和下一流程步骤所需的信息。在专题会议上,对交付物的特征和交付日期达成一致并列入行动清单,以便流程链中的参与者随时都能对整个流程一目了然。

在第四步"阐述流程步骤"中,需要非常精确地描述每一步骤。这一步骤的目的是清楚地了解在流程步骤中,所需交付物将在哪一步或哪几步得到应用,并获得满足相应流程步骤要求的相应的流程步骤输出。

从第五步开始评估整个流程链。流程链参与者参加评估研讨会,并讨论流程链的结果。将透镜规格与实际制造的透镜进行比较,并提出改进流程链的措施。这些都是改进流程链并不断取得更好成果的必要程序。

最后一步是第五步的延续。对所获得的经验进行评估,然后将其归类到数据库中。这样,将这些信息存储起来,可用于未来对新的和现有的流程链进行协调和

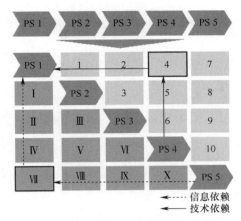

图 1-5　用于记录依赖关系的流程结构矩阵

改进。该数据库是基于互联网的管理工具的一部分,下面将对其进行介绍。

1.4　基于互联网的流程链控制

我们需要将所述的协调跨站点或跨企业流程链的系统性方法转化为易于应用的工具。此外,有必要找到一种去中心化的方法来管理所有客户、供应商及二者之间的关系的方法[Lut01]。基于互联网的(不依赖于地理位置的)管理工具似乎最适合这种情况。

流程链管理器的开发将理论方法转化成了实际工具。它能够使跨站点项目团队了解和协调所有客户与供应商之间的依赖关系,并通过生成行动清单和进度表来控制项目进度。该软件工具建立在 mySQL 数据库之上。

流程链管理器是一个 Web 2.0 交互平台。项目团队的每个成员都有对这一工具的私人访问权限。登录后,软件会自动识别用户。每个用户都有自己的个人档案,用户必须创建个人档案,以便向其他项目团队成员展示他/她在不同流程步骤以及流程链中的职责及所有相关信息。此外,每个成员档案还列出了个人信息,如姓名、联系地址、负责的子项目、所属公司以及正在进行的和已经完成的流程链。除了成员档案资料以外,还有一项电子邮件功能,成员之间可以进行即时交流,并可以对项目中所有正在进行的和已经完成的流程链进行总览。

当建立一个新的流程链时,必须首先对其产品规格进行说明。这些信息会列入一个专用的产品模板中,此外,还可以上传技术图纸或照片等文件。这样,所有项目成员都可以直接访问与该产品相关的所有信息。

然而,流程链管理器的主要应用是使用流程结构矩阵来协调各个单独的流程步骤之间的需求和交付物。在确定了流程链和单个流程步骤及其技术和责任人后,流程结构矩阵必须满足所有需求和交付物。因此,开发了一种系统性的方法,如图1-6所示。

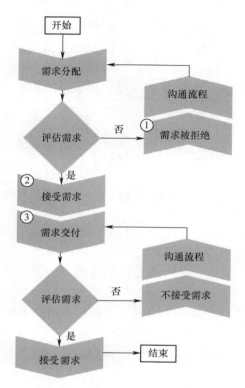

图1-6 流程结构矩阵的系统性方法

该软件允许每个成员通过指定的访问权限,仅在分配给他/她负责的流程步骤的接口上提出需求。在所有需求都提完之后,就可以看到如图1-6所示的流程图。流程图中使用的颜色在流程结构矩阵中也用于具有相同含义,因此每个项目成员只要看到两个步骤之间的接口颜色,就可以明白需求和交付物的协商处于哪一流程阶段。

接下来,要求所有用户确认其需求。如果需求被接受(②),则交付物的供应方必须定义出适合满足需求的行动。此外,供应方还会指出执行这些行动所需的时间。如果需求不能按照提出的方式实现(①),就会启动一个沟通流程,需求方和供应方之间的需求和交付物沿该流程链逐步协调。根据执行行动所需的指定时间,该软件会生成目标项目进度表。

一旦了解所有需求并协调后,就会启动工作流程的下一个阶段。项目进度表从目标进度转换为当前进度。流程矩阵的表示类型保持不变,唯一的区别是协调的需求被转换为应该生成的交付物。如果按照已定义的操作形式生成了交付物,则供应方将该操作标记为已完成(蓝色)。此时要求客户确认所需的交付物已正确供应。只有当交付物被归类为"已完成"时,实际项目计划中的条目才会更新。所有的流程参与者都可以完全访问目标进度和当前的进度,因此,当前的流程进度是透明的,并且可以随时查看。

最后一步,也是决定性的一步,是获取流程经验。我们认为这种经验的积累是非常重要的[Roz02]。光学元件的生产流程非常独特且复杂,因此,必须通过每个流程链获取经验。利用这些经验作为知识库,将会提高未来的流程链的质量。因此,要求每个流程成员记录和评估流程链周期内的经验。评估工作是在所有流程链参与者都参加的一个研讨会上进行的。产品模板中会列出所有可用的电子文档,如设计、零件清单、工作说明、测量记录等。模板存储在服务器上,可供所有流程链参与者使用,这样就大大减少了搜索可用信息花费的时间。

1.5 小　　结

跨站点或跨企业生产链通常由于信息流不足以及整个流程链中单个流程步骤之间存在太多未定义的接口而无法实现预定的目标。

全面质量管理代表的是一种全局性的方法,它按照"代表质量的是回头客而非退货产品"的原则,在公司中协调,始终努力满足客户期望。

该方法以全面质量管理为基础,开发用于流程组织的软件工具,为跨站点生产流程链的结构化规划和管理提供了一套合适的方法。实现高效的流程链的关键是在流程接口上协调相关的客户、供应商及二者之间的关系。这只能通过对产品及其所有规格的超精确定义来实现。此外,必须预先对接口的要求和技术上的潜在需求以及交付物进行清晰而深刻的分析。因此,我们引入的流程链管理器基于全面质量管理保障了跨站点的项目团队。

致　　谢

本研究属于德国跨区域科研合作重大专项项目 SFB/TR 4"复杂光学元件的复制工艺链"的一部分工作,作者感谢德国研究基金会(DFG)为本研究提供资金支持。

参 考 文 献

[Efq05]　EFQM, BQF: Organizational Excellence Strategies & Improved Financial Performance. London BQF (2005)

[Eng96]　English, L. P.: Data Quality Improvement: Maximizing Data Value Through Metrics and Management. In:

Seminar 3rd Information Impact International, pp. 1-2 (1996)

[Exb02] VDI, forum! GmbH marketing + communications: Excellence Barometer (ExBa) Deutschland (2002), http://www.tqmcenter.com/CFDOCS/cms3/admin/cms/download.cfm? ileID = 294&GroupID = 91 (visisted on October 3, 2010)

[Fon95] Fontanari, M.-L.: Voraussetzung für den Kooperationserfolg -eine empirische Analyse. In: Schertler, W. (ed.) Management von Unternehmenskooperationen, Ueberreuther, Wien (1995)

[Lut01] Lutters, D., Mentink, R. J., van Houten, F. J. A. M.: Workflow management based on Information Management. Annals of CIRP 50(1), 309-312 (2001)

[May07] Mayer, A.: Optische Technologien. Wirtschaftliche Bedeutung in Deutschland. Bundesministerium für Bildung und Forschung (2007)

[Men03] Mentink, R. J., van Houten, F. J. A. M., Kals, H. J. J.: Dynamic process management for engineering environments. Annals of CIRP 52(1), 351-354 (2003)

[Pet01] Petridis, K. D., Pfeifer, T., Scheermesser, S.: Business Process Improvement: Development of an Quality-Characteristics-Library as Controlling Instrument for Business Processes. In: Proceedings of the 45th EOQ Congress, vol. 45, pp. 313-323 (2001)

[Pfe01] Pfeifer, T.: Qualitätsmanagement Stratgien Methoden Techniken. Hanser (2001)

[Roz02] Rozenfeld, H.: An Architecture for Shared Management of Explicit Knowledge Applied to Development Processes. Annals of CIRP 51(1), 413-416 (2002)

[Sch03] Schuh, G., Bergholz, M.: Collaborative Production on the Basis of Object Oriented Software Engineering Principles. Annals of CIRP 52(1), 393-396 (2003)

[Sch08] Schmitt, R., Scharrenberg, C.: Approach for the Systematic Implementation of Quality Gates for the Planning and Control of Complex Production Chains. Vimation Journal (1), 40-45 (2008)

[Sch10] Schmitt, R., Pfeifer, T.: Qualitätsmanagement Strategien Methoden Techniken. Hanser (2010)

[Seg07] Seghezzi, H. D.: Konzepte - Modelle - Systeme. In: Schmitt, R., Pfeifer, T. (hrsg.) Masing - Handbuch Qualtiätsmanagement, 5th edn., pp. 155-171. Hanser (2007)

[Tan05] Tanner, S. J.: Is Business Excellence of any Value?. West Yorkshire. Oakland Consulting (2005)

[Tra07] Transregionaler Sonderforschungsbereich SFB/TR 4. Prozessketten zur Replikation komplexer Optikkomponenten. Finanzierungsantrag, 9-14 (2007)

[War04] Warwood, S. J., Roberts, P. A. B.: A Survey of TQM Success Factors in the UK. Total Qualtiy Management 15(8), 1109-1117 (2004)

[Zol06] Zollondz, H.-D.: Grundlagen Qualitätsmanagement. Einführung in Geschichte, Begriffe, Systeme und Konzepte, 2nd edn., Oldenburg (2006)

第2章
复杂光学塑料模具组件的设计

Walter Michaeli, Maximilian, Schöngart

开发高性能注射成型和注射压缩成型模具既是成功制造塑料光学元件的关键,也是面临的主要挑战。在光学领域,对元件尺寸及内部特性的均匀性有着严格的要求,从而对元件的模具设计提出了诸多要求。

为了满足这些要求,开发了模块化设计的注射压缩模具。模具采用锥形对准设计,这样可以确保两个模具镶件彼此精确对准。在注射压缩成型工艺中,必须在注入聚合物之前密封型腔。因此,采用了弹簧支撑的密封环,在两个模具镶件对准后对型腔进行密封。此时,模具还没有完全闭合,可采用注射成型和注射压缩成型两种方式实现聚合物光学元件加工。

我们设计了一种具有两个型腔的模具以确保受力均衡,进而提高复制精度。注射压缩成型可以通过注塑机的闭合运动或内部液压活塞的运动来实现压缩。通过这一概念可以比较这两种成型技术的差异。在压缩过程中,浇口关闭,防止熔体倒流回塑化装置。此外,当压缩机芯随机床移动时,模具上还需要有一个分型面锁模机构。

2.1 概 述

与玻璃光学元件相比,采用塑料光学元件的光学系统更加经济[Cha04]。塑料加工中的技术优势使其能够越来越多地取代玻璃光学元件。塑料在光学功能表面的设计方面有着较大自由度,能够实现多个功能元件的集成,具有良好的成型性,密度小,材料成本低,具有较大的替代潜力。注射成型和注射压缩成型能够相对低廉地通过一步法制造出高精度塑料元件[Kun07,May07]。

塑料透镜的光学质量受光学面形的几何精度和内部特性的影响。能否开发高性能注射成型和注射压缩成型模具是能否成功制造塑料光学元件的关键因素,同时也是面临的主要挑战。

初步研究表明,注射压缩成型技术适用于制造壁厚较厚的光学透镜[Böl01,For06]。

由于该技术优势,应该进一步研究采用注射压缩成型技术来复制塑料光学元件。为此,设计并制造了两套注射压缩模具。本章介绍了这些模具及其主要特征。

2.2 光学塑料元件的设计准则

充分利用注射成型和注射压缩成型的优点,需考虑一些限制和边界条件。这些规则通常适用于注塑塑料元件的设计,特别是塑料光学元件的设计。

光学元件几何形状中的咬边会影响元件的脱模,甚至可能损坏元件,因此在元件的几何形状中要避免任何形式的咬边。此外,平行于脱模方向的任何一个表面应有 1°~1.5°的拔模角,便于脱模。如果可能,应尽量避免壁厚的突变或使突变最小化。这种突变会导致型腔填充不均匀,可能会导致元件中出现空气滞留。

壁厚的突变会引起元件冷却不均匀,进而产生更大幅度的翘曲变形。然而,实现透镜的光学功能在透镜的不同位置有着不同的壁厚。因此,该元件必须设计为壁厚连续变化,以保证获得良好的填充性能。因为在光学表面上设置浇口将会产生较大的缺陷,因此,注塑塑料透镜的浇口通常位于透镜的侧面。

2.3 单腔注射压缩模具的开发

模具设计的第一个关键要素是模具的模块化,这意味着我们的研究工作不限于某一固定几何形状的透镜。如果我们已经设计了一个模具底座,可以在其动/定两个半模上配备可互换的模具镶件。通过更换模具镶件,可以实现各种不同几何形状透镜的注射成型。一般光学功能区域的直径不大于50mm,透镜的边缘厚度不大于8mm。

选择凹-凸形透镜,即弯月透镜,作为基本的透镜几何形状。在凸面一侧,球面半径可以在 100~500mm。在凹面一侧,球面半径可以在 100~150mm。因此,透镜中心的最小厚度为 4.77mm,最大厚度为 8.23mm。除了球面镜,还可以使用具有非球面面形的模具镶件。

2.3.1 模具型腔的填充

进行模具的流变力学设计,先确定透镜的形状和浇口的几何形状,再针对型腔的填充特性进行仿真测试。填充仿真的重点在透镜的边缘。该边缘是由恒定厚度为 8mm、外径为 80mm 的环构成的。一方面,由于注射浇口不能放置在透镜的光学表面上,因此需要通过该环对透镜脱模;另外,该环可用于将注塑后的透镜固定在各种光学测量装置中。

在填充仿真中,采用了注射成型仿真软件 CADMOULD。图 2-1 显示了在填充过程的不同阶段中熔体前沿的流动情况。透镜的最大厚度位于中心,因此,看不到熔体沿着边缘向前流动。另外,对于中心薄边缘厚的透镜,能够预测到其填充特性更苛刻。熔体前沿将沿着边缘前进,因此,必须确保仿真中不会出现熔接线。与之相反,就要优选在光学功能区域上连续的熔体流动。

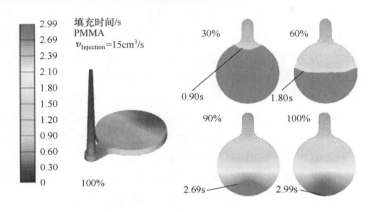

图 2-1 模腔的填充仿真

将浇口的直径设计成与透镜边缘的尺寸相同。由于浇口是透镜在注射成型周期中最后凝固的部分,因此,要尽可能长时间地施加有效的保压压力。将透镜的浇口直径设置为 10mm,拔模角为 1.8°,以便在注塑过程中轻松脱模。通过所选择的浇口几何形状和型腔的几何边界条件,可以使模具填充中没有熔接线和空气残留。

2.3.2 模具动/定半模的定心

透镜和浇口系统的几何形状对于注射阶段的型腔填充很重要。对于透镜的光学性能,光学面形的精确复制是至关重要的。虽然透镜的表面质量取决于模具镶件的表面质量,但透镜的轮廓精度由模具底座决定。由于注射成型工艺会高精度复制模具的型腔形貌及尺寸,因此,需要在模具闭合期间将模具镶件彼此间进行精确地、可重复地定位。

当模具镶件通过锥形导向器定心并固定在动/定半模中时,动/定半模脱模打开,然后再次闭合,不断循环。模具闭合期间,动/定半模的粗定心通常是通过将一个半模上的一个导向柱插入另一半模来完成的。为了更精确地定心,在导向柱定位后设计了精定心系统。通过锥形引导件精确定心,会增加锥形引导件表面的磨损,因为在定心过程中产生的导向力,导致磨损。鉴于此,提出一种使用浮动架的结构。由于浮动架放置在动模上的两个模板之间,因此,模具的一部分可以相对于定模移动。

2.3.3　用于注射压缩成型的密封圈

上述的模具设计不仅可以用于注射成型,还可以用于注射压缩成型。在注射压缩成型的过程中,模具在注入聚合物之前并不完全关闭。相反,存在压缩间隙。注入聚合物后,模腔闭合,动模压缩从而使元件表面的压力均匀分布。对于注射压缩成型,当模具闭合到接近压缩间隙时,需要密封型腔。密封型腔的一种方式是剪切边集成设计。该方式的缺点是,在进行定心之前它们是相互接触的。这样会将动模的移动定位精度限制在剪切边的公差(0.02mm)范围内;否则,剪切边缘的闭合会受到干扰,并会发生磨损。此外,因为锥形导向器仅在模具完全闭合后才起作用,这可能导致在没有精定心的情况下就开始整个压缩过程。鉴于上述原因,提出了一种新的方式,动/定半模的精定心过程与分离将与型腔的密封过程不再挂钩(图 2-2)。具有锥形表面的定心环在动模中采用弹性安装。当模具打开时,定心环向前推动弹簧产生压缩间隙的距离。当模具闭合时,定心环首先与定模接触,从而确定其相对于定模的位置。在定心环和具有固定模具镶件的模具型芯之间没有间隙,因此预应力滚珠轴承会同时使模具镶件定心对准。此时,即使模具尚未完全关闭,动/定半模也可以相互对准。

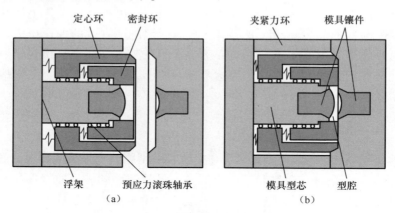

图 2-2　注射压缩模具的截面示意图

当模具进一步闭合时,具有弹性元件的密封环压靠在定模上并密封型腔。至此,型腔被密封,并且可以通过注射成型机床的闭合运动来调节压缩间隙。在压缩期间,因为模具型芯和模具镶件通过球轴承在定心环内运动,所以模具镶件仍然保持着彼此的径向位置。直到夹紧力环与动模接触,压缩运动终止;此时,模具完全闭合(图 2-2(b))。对于传统的注射成型,在注入聚合物之前就可以到达该位置,而无须中途停留。

这种模具设计方式有几个优点。它使用浮动安装件使动/定半模能够在一定范围内彼此相对横向移动。剪切边集成在密封环和型芯(型芯包含可互换的模具镶件)之间的动模中。因此,剪切边是永久接触的,这样磨损最小。此外,两个半模是在密封环与定模接触之前相互定心的,这意味着,当施加压力时,它们之间存在横向移动。因此,在整个压缩运动期间,两个半模始终保持定心。

即使在元件成型并冷却之后,这种模具的设计也显示出一定的优点。模具打开时,运动一侧的模具镶件被移回。透镜无法跟随此运动,它通过边缘上的拔模角度固定在密封环上。接下来,密封环与定模之间的接触解除,此时两个半模仍然相互定心。然后,当定心环和定模之间的接触解除后,定心随之消失。这种在模具打开和脱模期间的导向运动可以完全避免模具镶件和透镜之间的横向移动。这一优势非常有用,特别是在对具有微结构表面的透镜进行成型时。在图 2-3 中可以看到打开的注射压缩模具,在定模上,可以看到可互换的模具镶件和浇口。此外,可以看出,当模具闭合时,锥形表面与动模的定心环接触。在动模上可以看到型腔、定心环和密封环(黑色)。

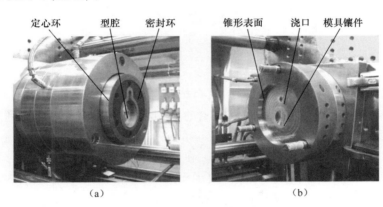

图 2-3 动模(a)和定模(b)

2.4 双腔注射压缩模具的开发

上述的注射压缩模具仅一个侧面有单浇口的型腔。该型腔的这种偏心设计会导致不对称的压力分布,腔体压力高会引起分型平面弯曲。并且只有通过注射成型机床的夹紧装置移动,才能在注射压缩成型及改型方法中使用该模具方案,该方案中夹紧力作用在成型元件的整个模具上。为了进一步提高复制精度并研究不同的注射压缩成型方法,我们设计了新的模具基座[Hes10]。

新模具的一个设计要点是确保力的对称流动。这一点可以通过将浇口设置于两个腔体来实现。该模具通过模块化设计,用于适应不同的透镜几何形状。

如图 2-4 所示,利用新设计的模具基座可以制造直径为 70mm 的透镜。动模上的压缩芯的直径为 60mm。在压缩芯内部,可以将模具镶件替换为直径 50mm 的不同表面几何形状的模具镶件。在定模上,模具镶件可替换为直径为 56mm 的模具镶件。由于动模中的压注技术复杂且具有模块化设计,因此顶针在定模上。透镜的边缘厚度为 6mm。

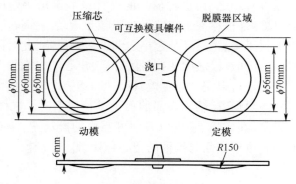

图 2-4 双腔模具的透镜几何形状

2.4.1 动/定半模的定心

如前所述,模具镶件彼此之间的定心是一个重要的要素。动/定模的粗略定心是通过导向柱实现的。安装在动模上的导向柱在模具闭合时插入到定模中。此外,精确定心对于模具镶件的精确定位和可重复定位是必要的。因此,在模具镶件旁采用了梯形定心元件(图 2-5)。在模具完全闭合之前,让这些元件相互接触,使模具镶件之间精确地对准。由于模具镶件及压缩芯须在模板内部移动,因此不可能使用锥形导向结构定心。相反,可以使用预应力的滚珠轴承。模具的动模上的压缩型芯中的模具镶件以及定模上的模具镶件可以使用锥形导向结构实现定心。

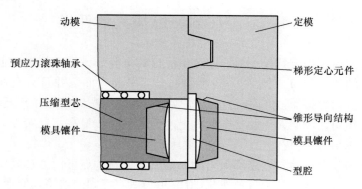

图 2-5 通过梯形元件和锥形表面定心

2.4.2 注射压缩成型浇口的封闭

在压缩期间，必须防止熔体回流进入注射成型机的塑化装置。该反向流动将导致元件内的分子取向和残余应力改变，这会对光学质量产生负面影响。通常情况下使用针阀喷嘴关闭浇口，由于这些元件通常有延迟区域，会导致材料在通道中的时间延长，可能会进一步导致材料的热降解。因此，针阀喷嘴不适用于光学树脂。

浇口封闭系统有两个基本要求：第一，应尽可能靠近腔体，从而使要被压缩的体积最小，这样有利于减少压缩过程中材料的流动；第二，材料均不应残留在模腔系统上，否则可能导致注塑的透镜质量下降，并且可能产生缺陷。

一般选择液压缸驱动型腔上的平板滑块作为浇口封闭滑块。浇口封闭过程的启动和关闭不受塑化装置的影响。滑块设计为带有孔的平板。该滑块不会挤压物料来关闭浇口，而是将物料完全从浇口通道中移出，这样可以确保没有多余材料黏附到滑块上或留在通道内。

由于润滑剂可能会污染注塑件，因此，在光学元件的注塑成型时模具中不能使用润滑脂。但为了减少摩擦以及磨粒的磨损，在封闭系统中的所有移动元件上都涂了 DLC 涂层（类金刚石碳涂层）。

2.4.3 通过模具一体化压缩芯进行注射压缩成型

图 2-6 比较了传统的注射压缩成型(a)与型芯压缩成型(b)。在传统注射压缩成型工艺中，压缩力作用于元件的整个区域。对于塑料透镜的生产，只压缩透镜的光学区域会更好，因此，在型芯压缩成型中使用了仅压缩型腔的特定区域的型芯。元件边缘处已冷却的部分熔体不会被压缩，这显著降低了在该区域中产生的残余应力。

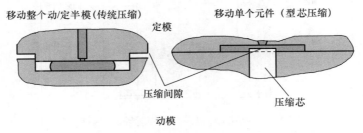

图 2-6 不同压缩技术的比较

压缩阶段的运动可以由注射成型机的动模整体运动或通过集成的单个液压模具单元移动来实现。在模具内部使用液压活塞的优点在于，需要移动的元件更少，这样可以提高运动的整体精度。用于型芯压缩成型的模具基座既可以用于注塑机移动动模,也可以集成在液压活塞模具上。这可以通过更换动模或更换成液压活塞和模板实现快速换装。配备集成式液压活塞的模具横截面视图如图2-7所示。在图的下半部分中,液压活塞向后移动,因此,压缩芯会回移所需压缩间隙的量。图片的上半部分显示了在压缩周期结束时的模具。液压活塞将压缩芯一直推到限位点。该位置也可用于无压缩的注射成型。

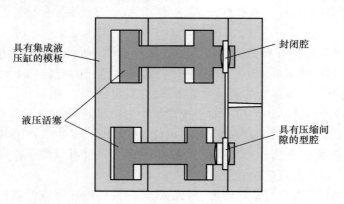

图2-7 配备集成式液压活塞的注塑模具

为了研究随着机床动模运动而进行的型芯压缩成型工艺,用一个简单的模板代替了装有液压活塞的模具座的后部(图2-8)。该模板直接连接到压缩芯上,从而将注射成型机的压缩力直接作用到型腔中。

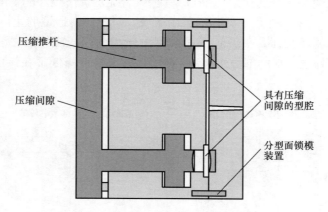

图2-8 采用注塑机进行压缩运动的注射模具

2.4.4 分型面锁模机构

采用集成式液压活塞压缩时,通过注塑机的推力保持腔体闭合。也存在夹紧装置作用于压缩芯移动的情况。当透镜型芯压缩时,型腔内的熔体压力会被转移到元件的边缘上。这部分力作用于模具,会使模具挤开。为此,在模具底座中集成了分型平面的锁定机构,以便在压缩芯进行压缩运动时密封型腔。在这种改型的注射成型工艺中,模具最初是完全封闭的。由于分型平面的锁定确保了型腔的闭合,因此,注射成型机的动模可以移回到压缩间隙,在熔体注射后再施加压力。

图 2-9 所示为双腔注射压缩模具的动/定半模。在动模上,可以看到围绕型腔的梯形定心元件(黑色);在定模上,可以看到浇口封闭(垂直黑色滑块)和分型面锁模机构。

图 2-9 双腔注射压缩模具的模板组

2.5 小　　结

注射成型和注射压缩成型是生产厚壁光学元件的主要成型技术,在批量生产中具有巨大的潜力。光学功能区的表面几何形状及内部特性对光学性能有很大的影响。这对模具的设计提出了更高要求。

为了满足这些要求,开发了两种模块化设计的注射压缩成型模具。这些模具的主要特征是具有精密的动/定半模定心机构。这两种模具都可用于注射成型,也可以用于注射压缩成型。此外,它们可以配备可互换的模具镶件。

第一种模具是一种单型腔模具,其局限性促进了双腔注射压缩模具的技术研究发展。双腔注射压缩模具能够通过集成式液压活塞或注射成型机的夹紧装置改进模具镶件压缩成型方法。这两种模具都被成功地用于塑料透镜的精确成型过程。

致　　谢

本研究属于德国跨区域科研合作重大专项项目 SFB/TR 4"复杂光学元件的复制工艺链"的一部分工作,作者感谢德国研究基金会为本研究提供资金支持。

参 考 文 献

[Böl01] Bölinger, S.: Spritzgießen und Spritzprägen von Kunststoffoptiken. RWTH Aachen, Dissertation (2001) ISBN 3-89653-956-6

[Bro98] Brockmann, C.: Spritzprägen technischer Thermoplastformteile, RWTH Aachen, Dissertation (1998) ISBN 3-89653-423-8

[Cha04] Chada, A.: Prozessorientierte Wirtschaftlichkeitsanalyse zur Herstellung optischer Komponenten aus Glas oder Kunststoff. Institut für Kunststoffverarbeitung, RWTH Aachen, Diploma Thesis (2004); Supervisor: J. Forster, T. Schröder

[For06] Forster, J.: Vergleich der optischen Leistungsfähigkeit spritzgegossener und spritzgeprägter Kunststofflinsen. RWTH Aachen, Dissertation (2006) ISBN 3-86130-846-0

[Hes10] Hessner, S.: Spritzprägen sphärischer und asphärischer Kunststofflinsen. RWTH Aachen, Dissertation (2010) ISBN 3-86130-973-4

[Kun07] Kuntze, T.: Plastic Optics Enable LED Lighting Revolution. Optik & Photonik 2(4), 42-45 (2007)

[May07] Mayer, R.: Precision Injection Moulding. Optik & Photonik 2(4), 46-48 (2007)

第3章

塑料光学元件：复制工艺和塑料材料

Walter Michaeli, Paul Walach

过去几年里，越来越多的塑料被用来制造光学元件，并在眼镜、相机以及其他透镜或光导应用领域赢得了越来越多的市场份额。采用塑料制造的光学元件在功能和经济性方面都能够与"玻璃"材料元件一争高下。在光学应用中，塑料的技术优势使它逐渐成为玻璃的替代品。

注射成型和注射压缩成型能够相对便宜地通过"一步法"制造出高精度塑料光学元件。这两种工艺都是主要的成型技术，在批量生产塑料光学元件方面具有巨大的潜力。

采用注射压缩成型工艺，将注射成型和压制工艺相结合，成型精度高，并且成型件的内部特性均匀。若想达到用于成像光学系统的高精度塑料元件所要求的微米级公差，优良的工艺技术是一个先决条件。

3.1 概　　述

信息和通信技术、制药技术、医学工程和生命科学、材料工程、汽车工业、工业制造以及测量技术等未来的热点研究领域都受到光学和激光技术的影响。在这些领域中，光学技术促成了新产品和新工艺，并且在工业、科学以及人们的生活方式等方面发挥着越来越重要的作用。过去几年，越来越多的塑料被用于制造光学元件，并且市场份额不断增长，例如在眼镜或相机方面。分辨率高达500万像素的手机摄像头采用的是塑料镜头[Alb10]。面形设计的广泛性、多个功能元件的集成度、良好的可塑性、低廉的材料成本以及低密度都证明了塑料光学元件的替代潜力[Alb10, Lan03, Mic05, Pas78]。

在光学元件的制造中，塑料能够在经济性方面与玻璃材料一争高下[Lan03, Pas78, Zol08]。在光学应用方面，塑料的技术优势使它逐渐成为玻璃的替代品。光学元件的制造主要有两种合适的工艺。注射成型和注射压缩成型都能够相对便宜地通过"一步法"制造出高精度塑料元件[Kun07, May07]。为了实现所需的光学功能，对光学元件提出了很高的要求。除了优点之外，还必须考虑材料的缺点。塑料透镜的耐刮擦性和耐高温性明显要更低，其折射率取决于温度和水分含量[Mic07]。现有光学元件的质量很大程度上取决于特定的材料、生产工艺和加工参数。因此，为了获得高精度光学元件，必须对每种应用的整个价值创造链进行检查。

将光学应用按质量要求分为3个质量区间，塑料光学元件的最大替代潜力位于大中型体量、中低质量要求的区间。为了提高其在质量要求更高的区间中的替代潜力，必须通过基础研究工作了解制造过程中各要素之间的因果关系。

光学元件的几何形状常常与通过注射成型工艺制造塑料元件时的一般设计准则截然相反。随着成型件壁厚的增加，其收缩的可能性也在增大。在成型过程中，厚壁塑料透镜的几何精度尤其会受到很大的影响[Bol01]。塑料透镜的光学质量受光学面形的几何精度和内部特性的影响显著。因此，光学元件的成型对模具、机床和工艺都提出了严峻的挑战。

3.2 光学元件的复制工艺

塑料光学元件的复制主要采用两种工艺。在全自动化制造过程中，注射成型工艺及由其改进而来的注射压缩成型工艺可以获得所需的高精度元件[Kun07, May07]。多项研究表明，注射压缩成型尤其适合于厚壁光学元件的生产。将注射成型与压制工艺相结合，可以得到均匀的内部特性和较高的成型精度。注射压缩成型工艺可以实现高精密塑料透镜的全自动化生产[Bol01, For06]。

3.2.1 注射成型工艺

注射成型工艺从20世纪50年代开始就为人所知，已经成为一种广泛应用且高度发达的制造工艺，具有许多优点[Joh04]。注射成型工艺的主要优点是循环时间短，具有自动化批量生产的可能性以及(特别是对于光学元件来说)所制造的元件在布局上的设计自由度。与玻璃元件的制造相反，它可以生产复杂的几何面形，如非球面透镜、光导或自由曲面产品。通过多元件注射成型还可以制造集成度更高的产品。光学系统中塑料光学材料无法覆盖到的功能元件，例如结构配件或周围介质密封件，则可以选择合适的塑料材料通过额外的注塑步骤来完成制造。

与玻璃加工相比，注射成型工艺循环时间更短，并且有可能实现过程的高度自动化，从经济性角度来看，更具有吸引力。为了将塑料光学元件用于越来越多的应用领域并取代无机玻璃，仍然有必要提高塑料光学元件的质量。

除了表面的几何面形外，透镜的光学特性还取决于内部特性。表面的尺寸精度取决于所使用的塑料材料、模具的精度和注射成型工艺。这就对制造工艺本身提出了很高的要求。

在注射成型工艺开始时,由塑化装置提供均匀的熔体。在塑化工艺之前,材料的调节非常重要,因为在生产光学元件的过程中,夹杂物是材料缺陷的主要来源。用于光学产品的材料通常对灰尘和污垢含量有严格的限制。这些夹杂物会使其具有黑色斑点和缺陷,并随之被报废[Bol01]。黑色斑点是从螺杆表面、机筒或回流阀表面分离并进入元件的部分降解的物质。因此,螺杆和机筒的材料和表面的选择非常重要。

用过的材料必须烘干,避免因潮湿而产生痕迹。光学材料过热时容易发黄,因此必须避免过度干燥。除了干燥条件外,光学材料还具有热敏性和剪切敏感性。因此,材料要以低螺杆转速和低背压进行塑化。

注射成型透镜的性能主要受填充和冷却过程的影响。型腔填充的特征因子是模具温度、熔融温度和注射速度[Kle87]。对于光学元件来说,获得非常均匀的内部特性至关重要[Bol01]。

除了注塑阶段外,保压和冷却阶段对注射成型透镜的质量也非常重要。因此,保压压力和冷却时间是主要因素。在这一阶段,一些重要的质量标准(如内部特性和几何精度)会受到影响。冷却时间对几何精度也有影响,因为冷却时间过短会产生不受控的收缩[Bol01]。

采用注射成型方式需要在制造过程中多次优化得到理想的工艺参数才能得到高质量光学元件,因此,其循环时间比普通的热塑性注射成型时间更长。根据元件几何形状的不同,可能需要 2~25min 的循环时间。

采用上述的注射成型工艺,保压压力持续时间长,会导致产生具有不均匀内部特性的高度定向的零件,其结果是光学性能受限。因此,注射压缩成型工艺具有一定优势。

3.2.2 注射压缩成型工艺

自 20 世纪 60 年代以来,注射压缩成型工艺一直被用来制造高精度塑料元件[Wal61]。光学元件通常采用注射成型工艺的原因在于所生产元件具有均匀的内部特性。

注射压缩成型工艺可分为两个独立的工艺步骤:熔体注射和压缩。在注射阶段,将特定体积的塑料熔体注射到型腔中。在此过程中,腔体的体积通过压缩间隙增大。因此,熔体在浇口前会形成熔体积聚。带有剪切边的模具设计可以避免熔体流入分型面。在压缩阶段,熔体积聚被压缩并分布在型腔中,最终通过动/定半模的合模运动来形成零件的几何形状。通过结构密封或热密封浇口可以避免熔体回流到螺杆前室。在这种情况下,不需要通过塑化装置施加保压压力[Mic00]。

由注射成型和压缩成型相结合而成的注射压缩成型工艺综合了两种制造工艺的优点。成型件的几何精度高、公差小、表面质量高、残余应力低且力学性能优异,因而能够脱颖而出[Hab99, Mic98, Tra73]。自动化的优势和多种可选择的干预手段的优势源自于注射成型,材料密度均匀和压力分布均匀的优势源自于压缩成型[Ber00]。

基于这些特性,注射压缩成型工艺有两个应用领域:

一个领域生产厚壁零件。这是由于加强了收缩补偿,变形程度较低,收缩痕迹较少。注射压缩成型主要用于生产对精度要求很高的光学透镜(取景器透镜、聚光透镜、成像光学透镜、放大镜、镜头、菲涅耳透镜以及棱镜),这也是开发这一工艺的初衷[Wal61, Mat85, Kle87, Bol01]。

另一个领域是生产大尺寸的薄壁零件。在相同的填充压力下,注射压缩成型工艺比注射成型工艺的流道/壁厚比更高[Men68, Mic98]。以三角形防护罩为例,可以实现壁厚为 0.4mm、流道/壁厚比为 270 的三角形防护罩[Bro98]。其他示例零件还包括光学存储(DVD)和汽车玻璃[Bur99, Hei00, Mic98]。

注射压缩成型工艺可以分为多种改型工艺模式,如图 3-1 所示。对腔体进行部分填充的过程和通过动模实现压缩芯的运动之间相关性最高[Fri90, Fri93]。这种注射压缩成型工艺模式被称为动模注射压缩成型[Kna82, Kna84]。将模具打开至压缩间隙宽度,在注射过程中可以依次或同时关闭。

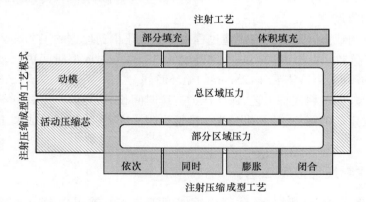

图 3-1 注射压缩成型的改型工艺概览

当采用体积填充的注射压缩成型工艺时,压缩芯的运动不是用于形成熔体,而是用于补偿冷却时元件的热体积收缩。因此,腔体的体积仅增大了体积收缩量。

而在普通的部分填充注射压缩成型中,动模被拉回一个比用于补偿热体积收缩时更宽的压缩间隙。此外,还可以通过压缩芯来实现压缩过程,可以在模具密封时移动压缩芯。压缩芯既可以作用于整个横截面,也可以只作用于局部区域[Wal61, Bro98]。与采用整个半模的注射压缩成型相比,这种改型的注射压缩成型方式使我们有可能制造更复杂的几何形状[Kud99]。

除了这些主动压缩成型的改型工艺方式之外,非主动压缩成型也是一种代表性工艺,其模具随着锁模力的减小而闭合。在填充型腔时,由于存在可调节的回弹力,所以模具可以打开至预设的压缩间隙。随后,随着锁模力的增加,压缩过程启动[Kna84]。这种"膨胀压缩"过程可以与变温过程控制相结合,即通过辐射或电磁感应对型腔表面加热,从而复制光学元件或光学微结构[Bur01]。这种工艺控制的优点在于:在注射过程开始时,热腔表面就会发生过盈(溢出),从而使成型件的表面得到很好的复制。元件的最终厚度在注射压缩阶段来设定。还可以通过施加压缩压力来控制热收缩。

3.3 测量技术

由于每一单独的工艺及工艺参数对所制造的透镜的光学性能都有很大的影响,因此在光学元件的制造中,通常需要100%的质量检查。为了表征成型的光学塑料元件的质量,需要定义几个标准。这些质量标准可分为以下几个方面。

首先,透镜的光学功能取决于表面的几何形状。透镜表面的几何精度可以通过触觉测量方法或非接触测量方法确定。对于光学元件,常用的方法是非接触测量方法,测量时可以使用色度传感器或干涉仪。

其次,质量还取决于内部特性。内部应力和取向可以通过偏振光学器件检测。畸变和分辨率等光学特性可以通过光具座或波前传感器直接确定。

为了表征成型塑料透镜的质量,必须确定透镜的几何精度和光学性能。

3.3.1 几何精度

为了确定注射压缩成型光学透镜的几何精度,采用色度传感器测量腔体和透镜的表面几何形状。这台名为 MicroGlider 的表面轮廓测试仪由位于德国莱茵-威斯特法伦州贝尔吉施格拉德巴赫(Bergisch Gladbach)的 Fries 研究技术公司生产,它基于与波长相关的折射率引起的光学透镜色差,可以进行非接触式测量和无损测量。

用聚焦的白光照射透镜表面。蓝光和红光的焦点不同是传感器色差造成的结果。这些焦点位于不同的像面上。根据不同的表面形貌以及传感器与表面之间的距离,不同的焦点会以不同的强度反射到表面上。测得的反射光波长给出了传感器与表面之间的距离以及与之相关的表面形貌信息(见图 3-2)。

在 60mm×60mm 的区域中,采集 200 条线,每条线有 200 个测量点。得到的分辨率为每 0.3mm。该测试装置的测量不确定度为 $2\mu m$。测量范围高达 $3000\mu m$,测量精度低至约 $2\mu m$。

为了分析表面精度,将表面数据导入亚琛工业大学塑料加工研究所(IKV Aachen)开发的 AIX-Comp 评估程序中。去掉成型透镜和模具镶件的三维表面数据,计算出透镜的峰谷值(PV 值),如图 3-3 所示。通过该程序,可以计算出模具

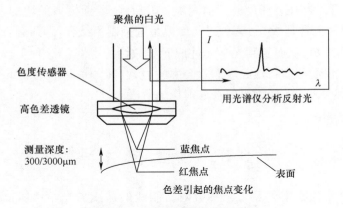

图 3-2 色度传感器的测量原理

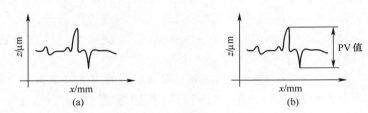

图 3-3 PV 值的确定

(a)表面形貌的测定;(b)(x,y)=曲面(x,y)上最大(峰)和最小(谷)z值之间的距离的测定。

与透镜表面(两侧皆可)之间的最大差异的特征值。因为腔体和成型透镜的差异较大,所以高 PV 值表示几何精度较低,低 PV 值表示几何精度较高。

3.3.2 光学性能

波前传感器,即 Shack-Hartmann 传感器(SHS),是一种通过透射光表征透镜光学特性的成熟工具(图 3-4)。Shack-Hartmann 传感器能够在多个位置同时确定局部波前梯度。通过数学积分可以重建波前形状。了解了波前形状就可以评估其他光学质量函数(PSF、MTF)和标准(Strehl 值、Zernike 系数)[Are00]。

Shack-Hartmann 传感器以透镜阵列和 CCD 芯片为基础。透镜阵列将光学孔径细分为多个子孔径,并将分解后的光束作为焦点成像到 CCD 芯片上,如图 3-5 所示[Are00]。

从物理上讲,Shack-Hartmann 传感器以测量焦点的位移为基础,根据位移可以估算波前的局部倾斜度。通过对来自光纤耦合激光二极管的发散光(实测波长 λ = 635nm)进行准直并在 Shack-Hartmann 传感器上成像,从而确定被测透镜引起的波前像差。

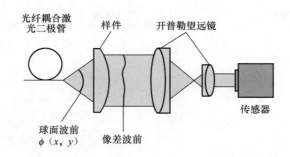

图 3-4 Shack-Hartmann 传感器的设置

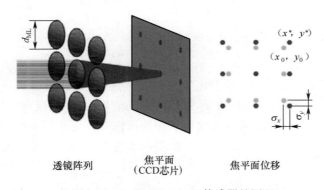

图 3-5 Shack-Hartmann 传感器的原理

  一个确定的质量函数是点扩散函数(PSF)，它可以通过波前像差来计算。该函数可以表示透镜成像的理想点在像面中的光强分布。通过点扩散函数可以计算出被用作光学透镜质量标准的 Strehl 值。Strehl 值是衍射点扩散函数的峰值强度与无像差时的衍射点扩散函数的峰值强度的比值。光学透镜的分辨能力通过调制传递函数(MTF)表征。调制传递函数表示的是取决于空间频率的对比度。

3.4 复制工艺的比较

  成型元件的精度对于光学元件的功能至关重要。为了获得无畸变图像，塑料透镜的几何面形必须尽可能地满足光学设计给出的表面轮廓。另外，图像的清晰度主要取决于表面粗糙度。虽然表面粗糙度主要取决于型腔的制造，但注射成型元件的几何形状是由成型过程本身决定的。

  为了分析塑料元件的内部特性，可以采用偏振光学系统。偏振光学元件能够显示穿过元件的光线的双折射。双折射效应是元件内部的分子取向以及内部应力状态导致的。利用偏振白光可以观察到一种呈彩色图案的双折射效应，而采用单色光,偏振光图像会呈现出暗区和亮区。图 3-6 分别给出了采用注射成型和注射压缩成型工艺的聚碳酸酯透镜的示例性单色偏振图像。显然,制造工艺对光学元件的内部特性有影响,因此,制造方法通常取决于元件的几何形状和塑料材料。

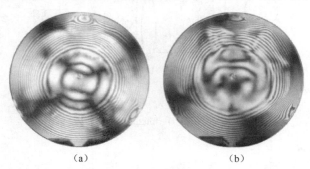

图 3-6　不同注射成型工艺的双折射效应对比图
(a)注射成型;(b)注射压缩成型

将注射成型改为更复杂的注射压缩成型工艺后,模具和透镜表面之间的差异略有减小(图 3-7)。对于透镜在光学系统中的功能来说,几何精度,特别是其光学性能尤为重要。光学性能是表面几何形状和透镜内部特性作用的结果。尽管具有最佳的几何精度,但塑料的污染、分子取向或内部应力仍会降低光学性能。

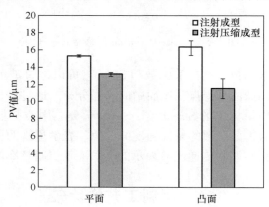

图 3-7　光学透镜的几何形状精度

可以从两个样品的点扩散函数中观察波前像差对成像性能的影响方式,每个样品都采用了最佳的工艺参数进行成型。图 3-8 给出了最佳注射成型和最佳注射压缩成型透镜的点扩散函数。

显然,采用具有更好光学性能的注射压缩成型透镜可以使中心强度提高约 10 倍。在这些透镜的点扩散函数中,只有两个同心的低强度次极值是可见的。注射成型透镜有多个次极值。其强度在最大主强度范围内,并且会使对比度下降。

结果表明,注射压缩成型工艺是一种比较适合生产厚壁光学元件的工艺。通过注射成型和压制工艺的结合,可以获得均匀的内部特性和高成型精度。除了该工艺外,所使用的材料对所制造元件的光学性能也有很大的影响。

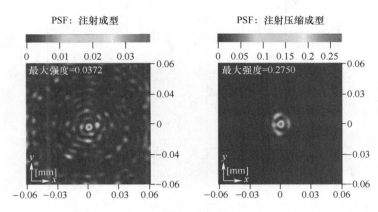

图3-8 注射成型和注射压缩成型透镜的实测点扩展函数

3.5 用于光学元件的塑料材料

复制具有光学功能的塑料元件,只能使用非晶态热塑性塑料。为了选择正确的材料,每一种应用都需要特定的需求清单。标准可以是材料的透射率、折射率、硬度或耐热性。

在注射成型工艺中,所使用的塑料材料对元件的特性和加工性能有很大的影响。对于光学元件的设计,材料的光学特性和热特性是很重要的。表3-1总结了用于光学元件复制的7种常用材料的最重要的物理特性见参考文献[NN01a, NN01b, NN04a, NN04b, NN06a, NN06b, NN06d, NN09a, NN09b, NN09c, Oen05, OM03, Zol08]。

3.5.1 聚甲基丙烯酸甲酯

聚甲基丙烯酸甲酯(PMMA)是一种常用的丙烯酸酯塑料,在可见光波段的透射率高达92%。其折射率在所列出的透明塑料中是最小的,因此,光学折射率低。在许多应用中,除良好的光学性能外,最重要的特性是高硬度和良好的耐刮擦性。该塑料由于易于加工且价格较低,得到了广泛的应用。聚甲基丙烯酸甲酯具有良好的流动特性,可在相对较低的温度范围(220~260℃)内加工。在100℃时,其耐热性较低[NN01a, NN04a]。

表 3-1 透明塑料的特性和加工参数

属性	PMMA	PC	COC	PA	PMMI	PCC	PES
熔体体积流动速率(MVR)ISO 1133/(cm³/10min)	3~12	6~12.5	4~48	204	1.7	8	70
温度/℃	230	300	260	300	260	330	260
负载/kg	3.8	1.2	2.16	10	10	2.16	10
属性	PMMA	PC	COC	PA	PMMI	PCC	PES
折射率/n_d	1.49	1.587	1.533	1.51	1.53	1.566	1.65
透射比/%	92	88	91	90	91	89	80
弹性拉伸模量/MPa	3200	2400	3000	1400	4000	2400	2700
夏比缺口冲击强度(23℃)/(kJ/m²)	20	N/A	13~15	N/A	20	N/A	N/A
玻璃转化温度(10℃/min)/℃	99~117	145	134~158	140	163	201	225
耐热性(0.45MPa)/℃	95~103	136	130~150	135	158	191	218
热膨胀系数(1/K)	8×10^{-5}	6.5×10^{-5}	6×10^{-5}	9×10^{-5}	4.5×10^{-5}	7×10^{-5}	5.2×10^{-5}
密度/(g/cm³)	1.19	1.2	1.02	1.02	1.21	1.14	1.37
吸湿(23℃,相对湿度50%)/(%)	0.6	0.12	<0.01	1.5	2.25	0.12	0.8
熔体导热系数/(W/mK)	0.181	0.173	0.193	0.25	N/A	0.165	0.18
加工温度/℃	220~260	280~310	240~310	280~300	260~290	330	340~390
模具温度/℃	60~90	80~130	95~145	60~80	130	100	120~170

3.5.2 环烯烃共聚物

环烯烃共聚物(COC)与由单一的单体合成的聚烯烃不同,它通常由两种不同的单体合成。因此,位于法兰克福的TOPAS先进聚合物公司(TAP)采用了乙烯和降冰片烯单体。这种组合呈现了环烯烃共聚物的典型材料特性。

尽管环烯烃共聚物仅由烯烃单体组成,但它们与半结晶聚烯烃聚乙烯(PE)和聚丙烯(PP)不同,是非晶态的,所以是透明的。由于烯烃单体的存在,环烯烃共聚物熔体具有典型的聚烯烃特性,如良好的耐酸碱性。在加工环烯烃共聚物时,会发生氧化降解,导致产品泛黄。通过在物料进料时使用惰性气体(如氮气)进行处理可以避免这种情况。在光学应用方面,环烯烃共聚物熔体具有低吸水、低密度、高耐热性、低双折射等优点,所以它是聚碳酸酯的良好替代品[NN06a, NN06b, NN06c, NN06d, Spa05]。

3.5.3 聚碳酸酯

与聚甲基丙烯酸甲酯和环烯烃共聚物相比,聚碳酸酯(PC)抗冲击性更高,所以,该材料可用于可能发生较高冲击负荷或震动的应用领域。因此,它被用于安全玻璃、护目镜以及汽车玻璃窗等存在上述负荷的应用中。与流动性较低的聚甲基丙烯酸甲酯相反,聚碳酸酯必须以较高的注射速度进行成型[NN02]。

3.5.4 聚碳酸酯共聚物

通过共聚,可以改善聚碳酸酯的耐热性、抗冲性击、透明度、光稳定性和流动性等性能。聚碳酸酯共聚物(PCC)可用于对耐热性要求比聚碳酸酯更高的应用领域[NN09a]。

3.5.5 微晶聚酰胺

透明的微晶聚酰胺(PA)12结合了非晶态的光学性质和半晶聚合物的机械特性。因为微晶非常小,不会散射可见光,所以,这种材料对人眼来说是透明的。这些特性相结合可以生产出金银丝光学镜架以及运动眼镜和太阳镜的镜片。此外,还可以生产无框架眼镜,因为必需的螺帽和粘接不会产生应力裂纹。这种既有良好的光学性能又有出色的力学性能的材料价格仍然很高[Oen05]。

3.5.6 聚甲基丙烯酰甲亚胺

聚甲基丙烯酰甲亚胺(PMMI)是酰亚胺化的部分甲基丙烯酸酯聚合物。由于酰亚胺化,弹性模量、黏度、折射率和吸湿率变得更高。当甲基丙烯酸甲酯与甲胺在分散液或反应器中熔融反应时,发生酰亚胺化化学反应,副产物为甲醇。这导致了在甲基丙烯酸甲酯分子分支处出现亚胺环的结构,使高分子变硬。转换的程度可以控制,因此,可以为每种单独的应用生成定制的成型化合物[Buc90]。

聚甲基丙烯酰甲亚胺是一种具有高耐热性(158℃)的热塑性聚合物。其光学特性非常好,能够在高达150℃的温度下保持稳定。因此,该材料可用于具有高热负荷的应用中,例如,前大灯透镜。

3.5.7 聚醚砜

聚醚砜(PES)是一种非晶态高性能塑料,具有琥珀色的透明度,属于聚砜(PSU)类。聚醚砜的化学性能和抗冲击性能优于聚砜。聚醚砜具有220℃的独特耐热性,因此,它可以用于制药和食品行业的过热蒸汽灭菌。聚醚砜的加工温度为390℃,对塑化有很高的要求[NN04b]。

3.5.8 液体硅胶

液态硅胶(LSR)的透明度高达95%,雾度值极低,物理稳定性良好。因此,这种材料被用于生产汽车行业的LED透镜。随着高性能LED在汽车行业的日益普及,对其使用材料的要求也在随之提高。由于设计紧凑,除了需要这些高效率的光源外,150℃的耐热性及高比例的紫外辐射也是必要条件。在使用普通的光学热塑性聚合物时,同时存在高温和辐射会加速老化。液态硅胶是这类应用的重要替代方案[NN08a]。

3.6 小 结

注射成型和注射压缩成型是主要的成型技术,在光学元件的批量生产中具有很大的潜力。特别是几何精度和光学性能都必须满足高要求的成像光学领域。注射压缩成型在制造具有均匀的内部特性和最佳的光学性能的光学塑料元件方面具有技术优势。

为了获得高精度的光学元件,精湛的工艺技术和丰富的工艺经验与所使用的材料和模具同样重要。因此,有必要检查每个应用程序的整个价值链,以获得所需的精度。为了在生产塑料光学元件时获得最佳效果,不应将它们作为事后的考虑或作为玻璃的替代品,而是从一开始就用于总体设计。必须在概念阶段就将光学设计师、塑料加工商和生产工程师这些要素结合起来考虑,以确保充分利用塑料提供的光学和机械设计的自由度。

致 谢

本研究属于德国跨区域科研合作重大专项项目 SFB/TR 4"复杂光学元件的复制工艺链"的一部分工作,作者感谢德国研究基金会为本研究提供资金支持。

参 考 文 献

[Alb10] Albrecht. K.: Der Werkstoff PMMA vielseitig und langlebig. Tagungsumdruck Transparente Kunststoffe, SKZ, Würzburg, B1-B30 (2010)

[Are00] Ares, J., Mancebo, T., Bara, S.: Position and displacement sensing with Shack Hartmann wave-front sensors. Applied Optics 39(10), 1511-1520 (2000)

[Ber00] Berthold, J.: Verarbeitung von duroplastischen Formmassen im Spritzprägever- fahren. RWTH Aachen, Dissertation (2000) ISBN 3-89653-449-1

[Bro98] Brockmann, C.: Spritzprägen technischer Thermoplastformteile. RWTH Aachen, Dissertation (1998) ISBN 3-89653-423-8

[Böl01] Bölinger, S.: Spritzgießen und Spritzprägen von Kunststoffoptiken. RWTH Aachen, Dissertation (2001) ISBN 3-89653-956-6

[Buc90] Buck, M.: Polymethylmethacrylate. Kunststoffe 80(10), 1134 (1990)

[Bür99] Bürkle, E., Wohlrab, W.: Spritzprägen-Präzisionstechnik für Spritzgußteile ohne Eigenspannungen. Kunststoffe 89(9), 64-69 (1999)

[Bür01] Bürkle, E., Klotz, B., Lichtinger, P.: Durchblick im Spritzguss. Das Herstellen hochtransparenter optischer Formteile - eine neue Herausforderung. Kunststoffe 91(11), 54-60 (2001)

[Fri90] Friedrichs, B., Friesenbichler, W., Gissing, K.: Spritzprägen dünnwandiger thermoplastischer Formteile. Kunststoffe 80(5), 583-587 (1990)

[Fri93] Friesenbichler, W., Ebster, M., Langecker, G.: Spritzprägewerkzeuge für dünn- wandige Formteile richtig auslegen. Kunststoffe 83(6), 445-448 (1993)

[For06] Forster, J.: Vergleich der optischen Leistungsfähigkeit spritzgegossener und spritzgeprägter Kunststofflinsen. RWTH Aachen, Dissertation (2006) ISBN 3-86130-846-0

[Hab99] Haberstroh, E., Berthold, J., Jüntgen, T.: Spritzprägen mit prägnanten Vorteilen. Spritzprägen von Duroplasten-eine Alternative zum Spritzgießen. Kunststoffberater 44(10), 42-45 (1999)

[Hei00] Auf der Heide, K.: Innovative Spritzprägetechnik am Beispiel der CDHerstellung. In: Heilbronner Kunststoff-Symposium, Heilbronn (2000)

[Joh04] Johannaber, F., Michaeli, W.: Handbuch Spritzgießen. Carl Hanser Verlag, München (2004)

[Kle87] Klepek, G.: Herstellung optischer Linsen im Spritzprägeverfahren. Kunststoffe 77(11), 1147-1151 (1987)

[Kna82] Knappe, W.: Zum optimalen Zyklusverlauf beim Spritzprägen. Leobener Kunststoff-Kolloquium über Spritzgießen und Spritzprägen, Leoben, Österreich (1982) [Kna84] Knappe, W., Lampl, A.: Zum optimalen Zyklusverlauf beim Spritzprägen. Kunststoffe 74(2), 79-83 (1984)

[Kud99] Kudlik, N.: Dünnwandtechnik. Spritzgießverfahren für geringe Wanddicken. Kunststoffe 89(9), 92-96 (1999)

[Kun07] Kuntze, T.: Plastic Optics Enable LED Lighting Revolution. Optik & Photonik 2(4), 42-45 (2007)

[Lan03] Landt, A.: Kunststoffoptik: Von der Entwicklung bis zur Serienfertigung. Photonik 35(1) (2003)

[Mat85] Matsuda, S., Tamura, T.: Plastics Lens by Injection & Compression Molding. Japan Plastics Age 1(2), 31-34 (1985)

[May07] Mayer, R.: Precision Injection Moulding. Optik & Photonik 2(4), 46-48 (2007)

[Men68] Menges, G., Jürgens, W.: Spritzgießen und Spritzprägen, Vor- und Nachteile. Plastverarbeiter 19(11), 863-872 (1968)

[Mic98] Michaeli, W., Brockmann, C.: Innovative Werkzeugkonzepte für das Spritzpräg- everfahren. Der Stahlformenbauer 15(3), 22-30 (1998)

[Mic00] Michaeli, W., Wielpütz, M.: Optimisation of the optical party quality of polymer glasses in the injection compression moulding process. Macromolecular Material Engen- ieering, 8-13 (2000) 40 W. Michaeli and P. Walach

[Mic05] Michaeli, W., Schröder, T.: Wirtschaftliche Bedeutung des Kunststoffs im Bereich optischer Anwendungen, Tagungsumdruck zum Seminar zur Kunststoffverarbeitung: Optische Bauteile aus Kunststoff, pp. 1-14. IKV, Aachen (2005)

[Mic07] Michaeli, W., Forster, J., Heßner, S., Klaiber, F.: Geometrical Accuracy and Optical Performance of Injection Moulded and Injection-compression Moulded Plastic Parts. Annals of the CIRP 56(1) (2007)

[NN01a] N. N.: Produktinformation Plexiglas Formmasse 6N, Plexiglas Formmasse 7N, Plexiglas Formmasse 8N. Darmstadt: Röhm GmbH & Co. KG (2001)

[NN01b] N. N.: Topas - Cyclic Olefin Copolymers, Optics Applications. Frankfurt a. M.: Ticona GmbH (2001)

[NN02] N. N. Anwendungstechnische Informationen (ATI 8013) Makrolon (PC). Leverkusen: Bayer AG, Geschäftsbereich Kunststoffe (2002)

[NN04a] N. N.: Lieferprogramm Formmassen. Darmstadt: Röhm GmbH & Co. KG (2004)

[NN04b] N. N. Produktinformation Ultrason© E 2010 natur, Ludwigshafen: BASF AG (2004)

[NN06a] N. N.: Processing Conditions for Injection Molding TOPAS© 5013S-04, Frankfurt, Topas Advanced Polymers GmbH (2006)

[NN06b] N. N.: Datenblatt TOPAS© 5013S-04, Frankfurt, Topas Advanced Polymers GmbH (2006)

[NN06c] N. N.: Processing Conditions for Injection Molding TOPAS© 6015S-04, Frankfurt, Topas Advanced Polymers GmbH (2006)

[NN06d] N. N.: Datenblatt TOPAS© 5013S-04, Frankfurt, Topas Advanced Polymers GmbH (2006)

[NN08a] N. N.: Optische Linsen aus LSR. K-Zeitung 39(21) (2008) (November 06, 2008)

[NN09a] N. N.: Datenblatt APEC 2097, Leverkusen, Bayer MaterialScience AG (2009)

[NN09b] N. N.: Produktinformation Pleximid© TT70, Darmstadt, Evonik Röhm GmbH (2009)

[NN09c] N. N.: TROGAMID© CX - Transparente Polyamide mit einer einzigartigen Kombination an Eigenschaften. Marl, Evonik Degussa GmbH (2009)

[Oen05] Oenbrink, G.: Innovative Problemlösungen mit transparenten Polyamiden. Tagungsumdruck Transparente Kunststoffe, SKZ, Würzburg, pp. D1-D17 (2005)

[OM03] Osswald, T. A., Menges, G.: Optical Properties of Polymers. In: Materials Science of Polymers for Engineers, pp. 545-569. Hanser Verlag, Munich

[Pas78] Pasco, I. K., Everest, J. H.: Plastics optics for opto-electronics. Optics & Laser Technology 10(2), 71-76 (1978)

[Spa05] Sparenberg, B.: Cycloolefin-Copolymere (COC). Kunststoffe 95(10), 156-160 (2005)

[Tra73] Trausch, G., Schleith, O.: Spezielle Spritzgießverfahren. Thermoplastschaumgießen - Spritzprägen. Kunststoffe 63(10), 659-662 (1973)

[Wal61] Wallner, J.: Spritz-Prägeverfahren für gleichmäßigen Schwundausgleich. Herstellung starkwandiger oder in der Wandstärke stark unterschiedlicher Spritzgußteile aus Polymethacrylat. Plastverarbeiter 12(6), 229-232 (1961)

[Zöl08] Zöllner, O., Protte, R., Döbler, M.: Machbarkeit bewiesen - LED-Linsen aus Polycarbonat. Plastverarbeiter 59(2), 36-38 (2008)

第4章

自由曲面塑料光学元件模具的加工

Christian Brecher, Dominik Lindemann, Michael Merz,
Christian Wenzel, Werner Preuß

塑料光学元件的成功量产依赖于所需模具的可用性。本章研究连续表面(非球面和自由曲面)光学元件模具的加工,而第6章将讨论具有不连续表面(棱镜、小平面、菲涅耳结构等)光学元件模具的加工。模具可根据尺寸、形状和公差要求进行分类。通常选择带有镍磷涂层的合金钢作为复制塑料光学元件的模具材料,该合金满足温度和耐磨性要求,并且可以用单点金刚石加工。总的来说,有3种方法可以加工非对称的形状:栅格铣削、球头铣刀铣削以及慢刀伺服车削。本章讨论了金刚石加工的材料响应、加工参数的选择、编程和数据处理、加工策略以及可达到的表面粗糙度和面形精度。由于模具的加工仍然是生产链中最具成本效益的因素,因此,减少模具设置和加工时间仍然是未来研究中最大的挑战。

4.1 概　　述

非球面塑料光学透镜已经获得了广泛应用。如今,在视频投影仪、便携式相机、手机、计算机鼠标、扫描仪、LED照明系统、指纹波导光学元件、平视显示器及其他多种光学设备中都能找到它们的身影。复制的塑料透镜尺寸范围约为1mm(如DVD播放器的准直透镜)~200mm(如汽车的平视显示器),其形状从普通非球面(如便携式相机的镜头)到局部曲率半径较小的自由曲面表面(如F-θ透镜)。在光机设计中,通常必须考虑确定光学系统中透镜的位置和方向的基准表面。在某些情况下(如指纹扫描仪),多个相对位置确定的光学表面被集成到单个整体功能元件中,光学模压工艺为此提供了一个创新解决方案,但这可能对模具制造带来挑战。

热塑性材料是最常用的注射成型材料,塑料透镜的注射压缩或热塑成型采用聚甲基丙烯酸甲酯(PMMA)、聚碳酸酯(PC)和环烯烃聚合物或共聚物(COP、COC),转化温度为105℃(PMMA)~145℃(PC)。用于复制的光学模具镶件必须能够承受高达180℃的工作温度,即光学表面必须不会磨损或氧化,并且必须在数千次成型循环中保持面形和粗糙度公差。通常,将光学表面加工成钢衬底,而钢衬底是必须经过打磨和抛光的,或者在钢衬底上镀上镍磷涂层,再对其进行金刚石加工[Osm06a]。尽管沉积镍磷涂层需要额外的制造工序(电镀或在电沉积的情况下对轮廓进行重新加工),但其优势显而易见,这是因为金刚石加工可以直接加工出具有光学质量的非球面。

4.2 飞刀切削

最常用的生成自由曲面的金刚石加工工艺是单边圆周铣削,通常称为飞刀切削[Bri02]。飞刀通常由半径一致的钢制圆盘组成。圆盘上镶嵌着刀尖半径为 ρ 的刀具,围绕着半径 r 旋转,r 定义为主轴到金刚石工具尖端的距离。因此,由旋转的圆形切削刃组成的有效包络表面是环形的。通常,ρ 约为 1mm,r 为 50~70mm(图 4-1)。但两者的半径都不能超过待加工表面上(沿相关方向)的最小(凹形)曲率半径。主轴转速通常保持在 4000r/min 以下,易于实现平衡并避免离心变形。

图 4-1 在 Precitech Freeform 3000 超精密加工工具上对化学镀镍模具进行飞刀切削

在自由曲面的飞刀切削中有两种不同的加工方式:

(1) 在栅格铣削中,飞刀(或多或少)沿等距栅格线相对于工件移动。

(2) 在螺旋线铣削中,飞刀(或多或少)沿等距(阿基米德)螺旋线相对于工件移动。

在加工过程中,必须保持刀具正常状态(飞刀的环形包络面必须始终与待加工表面相切)。如果在加工过程中允许切削刃上的接触点移动,则飞切平面的方向可相对于机器坐标系保持恒定,从而将可控线性轴的数量减少到 3 个。在栅格铣削中,可以通过移动平行于机床主轴的飞刀中点来"冻结"3 个线性轴之一(在这种情况下,栅格线将不是平面与自由曲面的相交线)。同样,在螺旋线铣削中,如果(通过改变工件的旋转速度)调整沿螺旋线的接触点间距,以保持刀具的正常状态,则

第 4 章　自由曲面塑料光学元件模具的加工

线性轴的数量可以减少为 2 个。

忽略自由曲面的局部曲率，飞切表面的纹理可以描述为长度为 l，宽度为 w 的微小矩形"扇形"的马赛克图样，其深度为

$$R_{kin} = l^2/(8r) = w^2/(8\rho) \tag{4-1}$$

因此，在飞切过程中表面生成速率 s 由"扇形"的面积 $l \cdot w$（取决于所需的动态粗糙度 R_{kin}，见图 4-2）和主轴的旋转频率 v（"扇形"的产生速率）确定：

$$s = lw \cdot v = 8vR_{kin}\sqrt{\rho r} \tag{4-2}$$

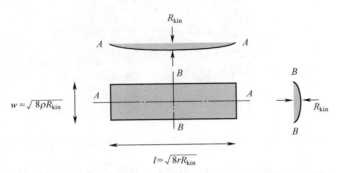

图 4-2　飞切削生成的长度为 l，宽度为 w，动态粗糙度为 R_{kin} 的矩形表面单元

通常，对于精加工（$R_{kin} = 10nm$，$v = 4000min^{-1}$，$\rho \approx 1mm$，$r \approx 65mm$），表面生成速率 $s \approx 2.5mm^2/min$，也就是说对自由曲面的飞刀切削可能会持续数小时，这对工艺的稳定性和刀具寿命提出了很高的要求。从式（4-2）中可以明显看出，无法通过增加刀尖半径或飞刀半径（可能存在几何限制）来大幅减少切削时间，只能通过提高主轴转速来减少切削时间。然而，离心力与旋转频率的平方成正比，这就使平衡变得越来越困难。因此，只有开发出新的平衡概念和（或）具有多个切削刃的新铣削工具，才可以使用高速金刚石铣削。

遗憾的是，光学制造界尚无公认的形式来定义自由曲面。有时使用解析表达式（如多项式或修正的矢高公式），有时将表面展开为傅里叶或泽尔尼克级数，有时通过射线追踪程序或通过微分或积分方程的数值解生成一组表面坐标（称为"数据云"）。但是，在其上计算出坐标的网格的密度必须足够精细，以便可以在网格点之间的位置上插入足够精确的坐标和法向矢量（这是刀具补偿和/或使用触针式测量仪进行面形评估所必需的）。为了减少确定自由曲面所需的数据量，可通过样条函数在网格点处使用共同的一阶和二阶导数对坐标进行插值。在 SFB/TR 4 项目中，已经在从光学设计到制造和测试的完整生产链中实现了 NURBS（非均匀有理 B 样条）[Pie97] 对自由曲面的通用表达[Bre06a]。将通过解析表达式或数值计算得出的数据云转换为 NURBS 时，必须注意通过选择恰当的 B 样条和恰当的节点矢量，来避免网格点之间出现非物理的最大值和最小值（"气泡"）。

图4-3展示了基于NURBS的4个自由曲面反射镜的设定点数据,这些数据是根据加工工艺优化的。集成的填充表面可确保生成光滑而有效的刀具路径(包括关键进料区在内)。基于NURBS的数据格式结合了多种属性,这些属性可保证在设计过程中对自由曲面的高精度描述,可用于计算复杂的刀具轨迹、计算补偿加工步骤以及在加工控制系统中进行处理[Osm08]。

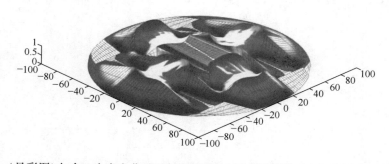

图4-3 (见彩图)包含4个自由曲面反射镜的零件的离轴车削刀具路径优化的设定点数据

通常,用于对加工轴进行编程的控制点的网格尺寸必须比定义NURBS的网格更精细,这是由于加工的数控系统在各个控制点之间进行线性插值。为了避免线性插值引入的面形误差,可以根据表面上出现的最小曲率半径r_c和加工的位置精度δ来估计控制点之间的最大允许距离:

$$d_c = \sqrt{8\delta r_c} \tag{4-3}$$

最先进的超精密加工的位置精度为$\delta = 5\text{nm}$,最小曲率半径$r_c > r \approx 65\text{mm}$,可得出最大距离$d_c \approx 50\mu\text{m}$,密度约为每平方毫米400个控制点。由于表面生成速率约为$2.5\text{mm}^2/\text{min}$,因此在加工具有光学质量的自由曲面时,必须通过数控系统每分钟处理约1000个命令。

在开始加工之前,必须将工件和飞刀相对于加工坐标系校准。只有在以下情况下才能这样做:

(1)工件上已有可以参考机床坐标系的基准面。

(2)已校准了飞刀半径、刀尖半径、飞刀中点的位置以及主轴相对于加工坐标系的方向。

检查加工表面时,还需要有基准表面;否则,零件坐标系将不确定。同样,在模压光学元件上需要定义零件坐标系的基准表面或标记(用于在光学系统中组装和检查)。当生产链作为一个整体时,将基准表面纳入自由曲面光学元件设计的必要性显而易见。

在模具自由曲面加工中获得的面形精度主要取决于校准的精度。如果要确保加工系统的安全性能,现代超精密机床在100mm行程内的空间位置精度要优

第4章 自由曲面塑料光学元件模具的加工

于 0.5μm。但是，表面粗糙度取决于许多因素：配平效果、加工参数、加工策略、颤振、切削刃的锋利度以及工件材料对切削的响应。由于表面粗糙度对于复制过程和最终产品的质量很重要，因此在 SFB/TR 4 项目中详细研究了这些影响的主次关系。

已经发现，影响表面粗糙度的主要因素是飞刀盘主轴的配平[Bri07]。如图 4-4 所示，与主轴平衡相比，加工参数的选择对表面粗糙度的影响较小。因此，飞刀切削主轴的精密平衡是非常重要的。

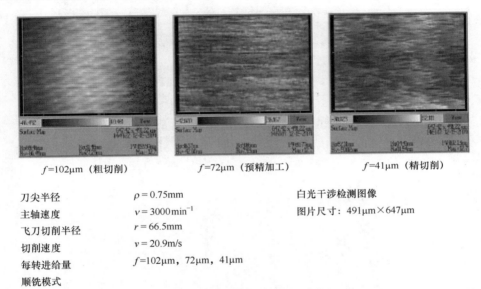

f=102μm（粗切削）　　　f=72μm（预精加工）　　　f=41μm（精切削）

刀尖半径　　　　　ρ = 0.75mm　　　　　白光干涉检测图像
主轴速度　　　　　v = 3000 min^{-1}　　　图片尺寸：491μm×647μm
飞刀切削半径　　　r = 66.5mm
切削速度　　　　　v = 20.9m/s
每转进给量　　　　f=102μm，72μm，41μm
顺铣模式

图 4-4　使用不平衡的主轴在不同进给速率下对化学镀镍模具进行飞切削获得的表面纹理

一旦平衡质量小于 0.01gmm，表面粗糙度就由动态粗糙度和材料对切削的响应决定。这可以通过将一条单独的栅格线（圆柱形凹槽）切削无定形化学镀镍层成晶粒结构，而不会损害表面粗糙度验证。如图 4-5 所示，动态铣削凹坑被许多切削刃的单扫掠中不均匀的切屑流所遮盖，这些标记的数量和振幅随着每转进给量的减少而减小，从而随着未切削的厚度而减小。

通常，建议采用逆铣，但是实验表明，在化学镀镍的情况下，铣削模式不会影响表面粗糙度，因为镍磷合金是比较硬的金属。影响表面粗糙度的下一个重要因素是颤振，这可能是由于切削力比机器的刚性高。切削力也会随着切削刃磨损（倒圆）的增加而增加。突然的加速度也可能引起颤振和振动，例如在转弯点或反向切割时。在设计特定零件的刀具路径和切削策略时，必须考虑这种风险。图 4-6 展示了最先进的栅格飞刀切削化学镀镍钢模具，其峰谷轮廓精度为 0.3μm，表面粗糙度 Sa=4nm。

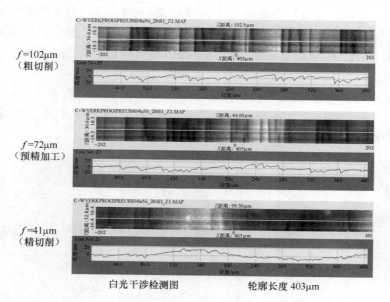

图 4-5　在不同进给速率下对化学镀镍进行快速切削而获得的凹槽的表面纹理（加工参数见图 4-4）

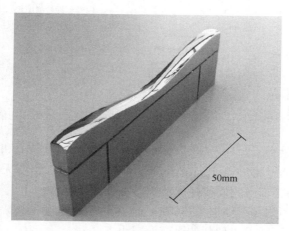

图 4-6　用于 F-θ 透镜的化学镀镍衬底模具

4.3　球 头 铣 削

如果凸形光学元件沿切削方向的最小曲率半径小于约 10mm，或在加工过程中飞刀轴会与零件轮廓碰撞，则必须使用球头铣削[Bri04a]。通常，在球头铣削中使用半圆弧金刚石刀具，并且主轴相对于表面切线倾斜一定角度，以避免用半圆弧刀具

第4章 自由曲面塑料光学元件模具的加工

在极端边缘进行切削(图 4-7)[Bri03]。球头铣削的缺点是表面生成率较低,从式(4-2)以 ρ 代替 r 得出的低表面生成率表明:

$$s = 8v\rho R_{kin} \tag{4-4}$$

这导致加工时间比飞切削加工的时间长约10倍。此外,如果局部曲率半径接近 ρ,切削力可能会增加,从而增加了颤振的风险[Osm06b]。

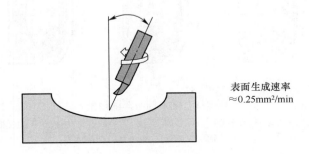

图 4-7 球头铣削,主轴相对于表面法线倾斜

4.4 非圆车削

减少自由曲面加工时间的一种极佳方法是通过非圆车削代替飞刀切削或球头铣削[Osm07]。可以通过两种方式完成:

(1)使用机床的两个主轴进行刀具运动,这称为"慢刀伺服"(SSS)车削。

(2)使用机床的两个主轴和一个附加的快速运动轴,或者一个长行程(厘米级)音圈电机或短行程(微米级)压电制动器进行刀具运动,这称为"快刀伺服"(FTS)车削。

在两种情况中,刀具运动都必须与旋转工件的角位置同步。旋转频率 v 受刀架跟踪误差的限制,该误差在加工过程中来回振荡时不得超过最大预设值。通常,v 约为1Hz,其表面加工速率大约为圆形车削的1/10,但比栅格飞刀切削高10倍。因此,"慢刀伺服"或"快刀伺服"自由曲面车削的数控每秒能够处理约1000个命令[Bre04b]。由于在非圆车削中,表面相对于金刚石刀具方向的倾斜度不是恒定的,因此必须注意在加工过程中表面与工具之间存在足够的间隙。

遗憾的是,在商用的"快刀伺服"或"慢刀伺服"车削系统中,刀具轴的方向是预先确定的,通常设置为与旋转轴(z 行程)平行,这对非圆车削可加工的表面形状形成了限制。如图 4-8 所示,无法沿 z 轴方向旋转半球形腔,因为当接近轮廓的顶点时,工具的加速度将变为无限大。另外,如果行程垂直于旋转轴(x 轴),则可以加工顶点,但在零件中心的加速度将变得无限大。在 SFB/TR 4 中,已经开发了一种具有可变刀具轴线方向的 SSS 车削技术,该行程始终垂直于表面(法向轴)。这种"慢刀伺服"技术允许加工非圆车削180°半球形空腔和类似椭圆半球壳的杯形(图4-9)。

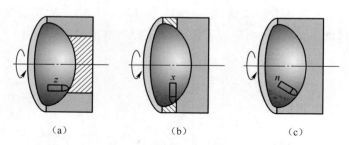

图4-8 慢刀伺服车削模型
(a)刀具轴沿 z 方向,只有中心区域能够加工;(b)刀具轴沿 x 方向,只有顶点能够加工;
(c)刀具轴与表面垂直,整个零件都可加工。

图4-9 椭圆半球壳($a=35\text{mm}, b=25\text{mm}$)的慢刀伺服车削

4.5 高动态轴的控制系统设计

标准化的接口对于通过不同处理步骤进行高效数据处理、轻松组合和替换算法以及提供复杂加工过程所需的数据完整性变得越来越重要[Bri04b]。数据压缩和封装方法已成功用于建立连接初始光学设计、CAM预处理、刀具路径生成、自由曲面加工、表面测量、重新设计以及加工补偿的接口。为保持连续的高阶信息,可以使用各种功能(例如,光线追迹与表面之间的交点、局部导数或变换)来分配工艺链中每个步骤所需的数据。此外,元数据,例如数据的类型和单位、分配的坐标系或变换、编译的日期和方法、传感器类型和测量原理等,也成为保证确定性数据处

理的重要元素。通过使用封装的数据格式,其中包含对设计的自由曲面的数学描述、优化刀具路径的设定点,表面测量的点云以及相应的元数据,可以实现制造超精密光学组件所必需的高精度。

设计用于超精密加工(如金刚石车削)的加工工具通常由非常稳健的伺服控制来驱动,以实现良好的干扰抑制。相反,由于不存在对称元素,自由曲面的制造需要更多的动态运动。因此,已经开发了一种控制系统,该系统为快速刀具轴提供了高度动态的控制回路,同时避免了滤波器进行易于产生噪声的数值微分。利用基于 NURBS 的表面描述,可以设计方向导数的分析方法,从而实现基于模型的低噪声前馈控制。因此,大幅提高了高动态轴的最大可实现带宽。此外,通过使用基于 FPGA 的控制系统,可以进一步提高快刀轴的运动速度[Bre10]。控制环路得益于高达 250kHz 的可实现控制时钟以及 FPGA 内信号处理的极低延迟时间。由于可以在 FPGA 上进行算法并行化,因此可以实现非常有效的关键控制路径设计。从而,可实现一种结合了模拟控制的主要优点(可以将延迟时间减少 10 倍)以及数字控制系统优点的系统。在 SFB/TR 4 项目中,开发了一种混合控制系统,该系统由用于控制回路的基于 FPGA 的低电平部分和用于设定点生成的基于微处理器的高电平部分组成,将压电驱动快刀轴的带宽增加了 3 倍。

4.6 小　　结

在过去的 10 年中,已经开发出了 3 种不同的通过金刚石加工自由曲面的方法,并在 SFB/TR 4 项目中进行了详细研究,即飞刀切削、球头铣削和非圆车削。飞刀切削是最常用的,但仅限于曲率半径大于飞刀切削半径的凸面和凹面。如果曲率半径小于飞刀切削半径,则必须用球头铣削代替飞刀切削。只要局部斜率适中,使表面不会影响金刚石工具的几何形状,就可以通过非圆车削来减少加工时间。在 SFB/TR 4 项目中开发的法向刀具轴慢刀伺服车削技术扩大了非圆车削可加工的表面形状范围。从设计阶段到加工再到质量控制,数据处理需要整个生产链中有唯一的数据格式。这已经在 SFB/TR 4 项目中通过使用 NURBS 对自由曲面和标准化接口建模实现。尽管在用于复制塑料透镜的模具的自由形状加工中达到了很高的标准,但是减少加工时间仍然是未来研究的重要课题。

致　　谢

本研究属于德国跨区域科研合作重大专项项目 SFB/TR 4"复杂光学元件的复制工艺链"的一部分工作,作者感谢德国研究基金会(DFG)为本研究提供资金支持。

参 考 文 献

[Bäu10] Bäumer, S. (ed.): Handbook of Plastic Optics. Wiley-VCH Publ. Co. (2010)

[Bre06a] Brecher, C., Lange, S., Merz, M., Niehaus, F., Wenzel, C., Winter-schladen, M., Weck, M.: NURBS Based Ultra-Precision Free-Form Machining. In: Annals of the CIRP 55/1/2006, Kobe, Japan, August 20-26, pp. 547-550 (2006)

[Bre06b] Brecher, C., Lange, S., Merz, M., Niehaus, F., Winterschladen, M.: Off-Axis Machining of NURBS Freeform Surfaces by Fast Tool Servo Systems. In: Proceedings of the 4M 2006 Second International Conference on Multi Material Micro Manufacture, Grenoble, France, September 20-22, pp. 59-62 (2006)

[Bre10] Brecher, C., Lindemann, D., Merz, M., Wenzel, C.: FPGA-Based Control System for Highly Dynamic Axes in Ultra-Precision Machining. In: Proceedings of the ASPE Spring Topical Meeting, Boston (2010)

[Bri02] Brinksmeier, E., Grimme, D., Preuß, W.: Generation of Freeform Surfaces by Diamond Machining. In: Proc. of the 17th Annual ASPE Meeting, St. Louis, Missouri, USA, October 20-25, pp. 542-545 (2002)

[Bri03] Brinksmeier, E., Gläbe, R., Autschbach, L.: Novel Ultraprecise Tool Alignment Setup for Contour Boring ad Ball-end Milling. In: Proc. of the ASPE s 18th Annual Meeting, Portland, Oregon, October 26-31, pp. 271-274 (2003)

[Bri04a] Brinksmeier, E., Autschbach, L.: Ball-end milling of Free-form Surfaces for Optical Mold Inserts. In: ASPE s 19th Annual Meeting, Orlando, FL, USA, October 24-29, pp. 88-91 (2004)

[Bri04b] Brinksmeier, E., Autschbach, L., Weck, M., Winterschladen, M.: Closed Loop Manufacturing of Optical Molds using an Integrated Simulation Interface. In: Proc. of Euspen International Conference, Glasgow, Scotland, May 30-June 03, pp. 215-217 (2004)

[Bri07] Brinksmeier, E., Gläbe, R., Krause, A.: Precision balancing in ultraprecision diamond machining. In: Laser Metrology and Machine Performance VIII, 8th International Conference and Exhibition on Laser Metrology, Machine Tool, CMM & Robotic Performance, Lamdamap, pp. 262-269 (2007)

[Osm06a] Osmer, J., Autschbach, L., Brinksmeier, E.: Study of different nickel platings in ultra precision diamond turning. In: Proc. of the 6th Euspen International Conference, Baden b. Wien, May 28-June 01, vol. II, pp. 44-47 (2006)

[Osm06b] Osmer, J., Brinksmeier, E., Lünemann, B.: Simulation of surface micro-topography in ultra precision ball-end milling. In: Proc. of the 6th Euspen International Conference, Baden b. Wien, vol. II, May 28-June 01, pp. 40-43 (2006)

[Osm07] Osmer, J., Weingärtner, S., Riemer, O., Brinksmeier, E., Fröhlich, M., Müller, W., Bliedtner, J., Bürger, W.: Diamond Machining of Free-Form Surfaces: A Comparison of Raster Milling and Slow Tool Servo Machining. In: Proceedings of the 7th International Conference and 9th Annual General Meeting of the European Society for Precision Engineering and Nanotechnology, Congress Centre Bremen, Germany, May 20-24, pp. 189-192 (2007)

[Osm08] Osmer, J., Riemer, O., Brinksmeier, E.: Ultra Precision Machining of Free-Form Surfaces and Tool Path Generation. In: Proceedings of the Euspen International Conference, Zürich, vol. 2, pp. 53-56 (May 2008)

[Pie97] Piegl, L., Tiller, W.: The NURBS Book. Springer Publ. Co. (1997)

第5章

采用金刚石加工微结构模具

Lars Schönemann, Werner Preuß

采用特形切削刃金刚石刀具加工模具结构是一种专用工艺,本章将讨论其现状及最新进展。还将讨论各种工艺的优缺点,例如,可实现的几何谱或所需的加工时间。将特别关注在 SFB/TR 4 项目中开发的用于构造具有不连续棱柱形微结构模具的金刚石微凿切(DMC)工艺。此工艺采用了一种新型刀具运动原理和一种定制的 V 形金刚石刀具,能够加工和复制此类微结构,并达到光学级表面质量。

5.1 概　　述

在过去的几十年中,复杂光学元件的复制需求有所增加。如第 4 章所述,除具有连续表面的模具外,微结构模具加工技术对于功能表面的生成也具有重要意义。它们是从连续曲面划分出来的,其特征是"一种确定性的图案,通常具有高纵横比这一几何特征,为特定的功能而设计"[Eva99]。

光学微结构的应用范围是多种多样的。结构化模具现在最重要的应用是生产反光带,用于标牌、安全服、车辆和各种消费产品[Bri05]。其他示例包括用于平板显示器中的光分布和均匀化的光学图案[Cor08],汽车的节能前灯[Neu07]或用于天文应用的大型菲涅耳透镜[Ohm02]。图 5-1 展示了一些示例性的微结构。

图 5-1　采用金刚石加工得到的示例性微结构

尽管可以通过各种工艺获得此类结构,但利用具有确定的几何形状的刀具进行金刚石加工是关键技术[Rie08]。它具有高度的灵活性，同时能够生成纳米级的表面粗糙度和亚微米级的面形精度[Dav03]。因此，在复制光学元件的典型工艺链中，唯一的加工步骤是通过金刚石加工进行模具结构加工。在这种情况下，不需要其他精加工步骤(如抛光)。

因为金刚石加工工艺可加工的材料范围有限，所以主要用于塑料光学元件的复制。可以使用注射或注射压缩成型法复制特征尺寸低至纳米级的光学结构。此时，重要的是要对加工特征进行复制，且不因模具的堵塞、脱模力或模具内的高温梯度引起的凝固造成变形[Mic08]。

5.2 模具结构的加工工艺

加工光学微结构的工艺可以根据其切削运动进行分类，其中包括：
(1) 旋转工件的加工，即车削。
(2) 使用旋转刀具进行加工，即铣削。
(3) 既不使用旋转刀具也不使用工件旋转的加工，即刨削。
此外，可以根据图 5-2 从几何角度对光学结构进行分类。

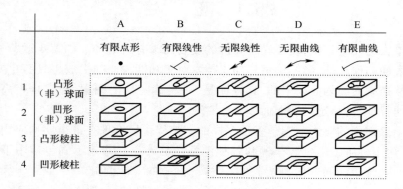

图 5-2 可加工几何形状的几何谱

大多数结构类型可以通过旋转切削运动加工成凹形结构，而它们对应的凸形结构则通过复制工艺获得。但是，对于不同的工艺，必须考虑某些限制：铣削工艺基本上限于线性特征(凹槽)，金刚石车削用于生成菲涅耳透镜，而微透镜阵列则可以使用轮廓镗孔或球头铣削工艺加工[Dor08]。近来，随着快刀伺服之类的附加高动态加工轴的引入，车削工艺的几何谱也扩展到了某些非对称结构。然而，具有锋利的小面(A4 型和 B4 型)的棱柱结构不能通过这些"常规"工艺进行加工。在这种情况下，需要具有专用运动方式的工艺。

下面将详细介绍每个类别的相关加工工艺。

5.2.1 金刚石车削工艺

在车削工艺中,主要的切削运动是由工件的旋转产生的,而(固定的)刀具沿表面移动。图 5-3 展示了金刚石车削在微结构生成方面的应用和可能性。

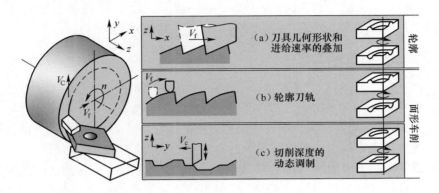

图 5-3 车削工艺中的微结构加工

在一个基本的车削设置中,可以通过施加明显大于刀具特征尺寸的进给速率或根据工件上的径向位置调节切削深度来生成微结构。然而,这样总是会加工出旋转对称(或螺旋)类型的结构(D 型),例如菲涅耳透镜或小面结构。如果要采用车削工艺加工有限的曲面特征(E 型),则必须使用快刀伺服(FTS)或慢刀伺服(S^3)来动态调整切削深度。尽管该技术主要用于加工自由曲面,但也可以用于生成结构化表面(图 5-3(c))。其示例包括透镜阵列或衍射光栅的加工。

然而,由于调制的切削深度的斜率必须小于刀具的后角,因此,可达到的长宽比会受到限制。此外,微结构的结构密度受伺服系统带宽的限制,这意味着加工速度降低。FTS/S^3 车削的另一个缺点是加工特征的不对称性,这一点可以通过工艺参数、伺服带宽以及在特定径向位置处得到的结构尺寸之间的关系来解释。

每转的结构数(s)取决于主轴转速(n)和调制频率(f):

$$s = \frac{f}{n} \tag{5-1}$$

然后可以通过将当前径向位置(r_i)的周长除以结构数(s)来计算结构的长度(l_i):

$$l_i = \frac{2 \cdot \pi \cdot r_i}{s} \tag{5-2}$$

例如,当使用最大带宽为 $f=5\mathrm{kHz}$ 的 FTS 以 $n=100\mathrm{min}^{-1}$ 的主轴速度加工工件时,可以在圆周方向上切削 $s=3000$ 的结构。这意味着,在 $r_i=15\mathrm{mm}$ 的半径处,单个结构的最小尺寸为 $l_i=31.41\mathrm{\mu m}$。将刀具移至靠近旋转中心的位置,尺寸会不断减小（r_i = 10mm 时，l_i = 20.94μm；r_i = 5mm 时，l_i = 10.47μm；等等），直到进行连续加工而不再加工离散特征时。

将工件安装在离轴位置时，可以减小加工特征的曲率。但是，这会干扰 FTS/S^3 系统的使用，因为加工速度（以及所需的带宽）将大大提高。在某种程度上，通过应用多遍切削策略可避免这种影响。在第一次切削时，省略掉特定数量的结构，从而减少所需的带宽。然后，在该工艺的第二（或其他）步骤中切削这些结构。

5.2.2 金刚石铣削工艺

在此类别中，金刚石刀具在主轴上旋转并相对于固定工件移动。根据机床设置的配置，可以将工艺细分为圆周铣削和端铣削（图 5-4）。

在圆周铣削中，刀具围绕平行于加工表面的轴旋转。因此，切削刀具的几何形状被直接复制到工件中。根据所选的刀具几何形状（圆形、V 形、梯形等），以这种方式生成了不同类型的凹槽状结构（C 型，图 5-2）。通过将这些凹槽中的多个凹槽相交，可以实现三棱镜特征（A3 型和 B3 型）。除刀具的几何形状外，刀具的回转半径也对圆周铣削操作的速度和几何谱有很大影响。大回转半径减少了加工时间，因为可以采用更大的进给速率来实现光学表面粗糙度。但是，有限的凹形微结构的最小尺寸受到限制，这是因为刀具存在回转半径。

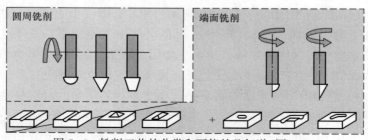

图 5-4　铣削工艺的分类和可能的几何谱（图 5-2）

在端面铣削操作中，金刚石刀具围绕垂直于加工表面的轴旋转。通过使用半圆弧或三角形刀具，可以加工出旋转对称型腔（A2 型）和凹槽状结构（B2 型、C2 型、D2 型、C4 型和 D4 型）。在一次切削运动中，凹槽的几何形状限于旋转对称轮廓。不能以这种方式加工柱状凹面结构（A4 型和 B4 型）。与圆周铣削相比，一方面可加工的几何谱显著增加，但另一方面也延长了所需的加工时间。

5.2.3 既不使用旋转刀具也不使用旋转工件的工艺（间歇切削）

如上所述，标准的铣削或车削工艺在考虑所需的工艺时间或可实现的几何谱时，在产生微结构方面受到一定的限制。在某种程度上，这些限制可以通过非旋转切削运动的工艺来克服。例如，刨削工艺可用于在充足的时间内加工大型微结构零件[Day02]。另外,使用 Takeuchi 等人开发的微刻槽工艺可以扩展几何谱[Tak09],这种工艺可以加工一侧具有平底端的 V 形凹槽。

然而,在这些工艺中,无法加工在所有侧面(图 5-2 中的 A4 型和 B4 型)都具有锋利边缘的柱形特征(如金字塔形微腔)和线性有限 V 形槽或角立方后向反射器。因此,开发出了金刚石微凿切(DMC)工艺来克服这些限制[Bri08]。这种工艺要求使用至少具有 5 个数控轴的超精密机床(图 5-5):用于相对于工件表面定位刀具的 3 个线性轴(X、Y 和 Z),并且需要两个旋转轴来设置该结构的开放角并将工件旋转至所需的位置。

所应用的运动学原理与其他已知的制造工艺在根本上是不同的:V 形刀具沿三角形或梯形路径移动插入工件,从而形成具有锋利边缘的单个小平面。这些切口中的几个(每个切口在工件上的角度位置不同)通过其起点和终点以某种方式连接,从而形成金字塔形的型腔。因此,小平面的数量仅受刀具的打开角度的限制。最终的加工步骤的终点必须在初次切削的起点,否则切屑将无法取出。

加工三面型腔的切削步骤如图 5-5 所示。

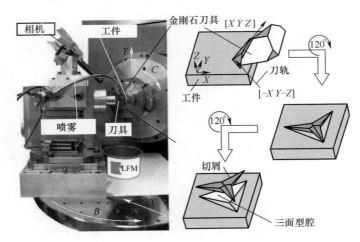

图 5-5 DMC 加工设置和加工三面型腔的示例性步骤

为了限制未成型的切屑厚度,通常将这种型腔采用多层加工。因此,型腔的横向尺寸不断增大,直到达到标称几何形状为止。因为在常规意义上没有进给,所以不会出现动态粗糙度。因此,小平面的表面质量仅取决于工件材料和最后一次切削中刀具的状态。常见的粗糙度为 4~8nm。

使用 DMC 工艺,可以加工特征尺寸为 50~500μm 的棱形微型腔。可以系统地对齐单个结构,以形成新的结构类型。以此方式,可以通过以六角形方式重叠几个三侧面腔来加工角立方后向反射器。

5.3 微结构模具的适用材料

与连续表面一样,大多数情况下,镀镍磷钢是加工微结构模具的首选材料。其特性已在第4章中进行了描述。但是,在某些情况下,最好使用较软的材料以延长刀具寿命。使用铝或无氧高电导率铜作为衬底材料已经取得了良好的效果,而镍银合金之类的合金常被用作微结构应用的模具材料。研究表明,切割成特定镍银的结构几乎可以达到[Sch10]或者有时甚至能超过[Bri07]切割成磷镍镀层的类似结构的表面质量。尤其是使用镍银作为工件材料时,毛刺的形成可以忽略不计[Bri10a]。图 5-6 示例性地展示了在无氧铜(Cu)、镍银合金(N37)和磷化镍(NiP)中通过金刚石微凿切(DMC)工艺加工的不同 V 形槽的表面粗糙度的测量值。

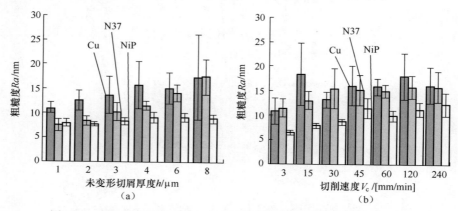

图 5-6　金刚石微凿切(DMC)加工的不同工件材料的表面粗糙度 Ra
　　　　与未变形切屑厚度(a)和切削速度(b)的关系[Bri10b]

为确保锋利的加工路径,与常规切削工艺相比,DMC 中的切削速度非常低。在 DMC 工艺中,每个小平面的最后一层都经过单次切削加工,因此不会产生动态粗糙度。所以,表面质量仅取决于衬底材料和切削刃的几何形状。使用电镀镍磷可获得最佳的表面质量。但 N37 合金在选定的参数下可获得类似的结果。N37 是一种镍银合金,由 62% 的铜、18% 的镍、19% 的锌和 1% 的铅组成,主要用于制造眼镜的铰链和接头。它的弹性模量为 $E=130\text{kN}/\text{mm}^2$,熔化温度为 $T_S=1050\sim1100\text{℃}$(制造商的数据)。因此,它的力学性能类似于无氧铜($E=125\text{kN}/\text{mm}^2$,$T_S=1083\text{℃}$),而无氧铜无论选择什么参数,都不能达到光学表面粗糙度($Ra>10\text{nm}$)。与镍磷相比,无氧铜显著减少了刀具磨损。

除了金属材料,还可以在硬质涂层上加工微结构。例如,可以使用负前角较小($\gamma=-10°$)的刀具来加工低硬度(小于 0.5GPa)的溶胶-凝胶膜。使用一组理想的参数,可以实现 $Ra=5\sim15nm$ 的表面粗糙度,而且几乎不会形成毛刺。在任何情况下,涂层的厚度都是大多数微结构应用的限制因素[Meh10]。硬质涂层的详细信息可在第 11 章中找到。

表 5-1 总结了用于生成光学微结构的模具材料特性。

表 5-1 用于生成光学微结构的模具材料特性

材 料	无氧铜	镍磷合金	镍银合金	溶胶-凝胶
组 成	99.9%Cu	82%~97%Ni,3~18%P	62%Cu,18%Ni,19%Zn,1%Pb	Si(Naw)OxCyHz
弹性模量/(kN/mm^2)	110~128	120~190	130	3.8~6.6
熔化温度 T_s/℃	1083	860~890	1050~1100	>600
硬度	50~90HB	500~700HV0.1	170HB	$H_{IT}=1GPa$
结构性	+	+++	++	++
作为模具材料的适用性	+	+++	++	+
刀具磨损	+++	+	++	+

5.4 用于微结构加工的金刚石刀具

在金刚石加工中,刀具的几何形状直接复制到表面上。因此,主要使用 V 形、刀刃形或多个小面的刀具对具有凹槽、闪耀光栅或梯形结构的模具进行微结构加工。半圆弧半径刀具主要用于轮廓镗孔或球头铣削工艺中,用于生成微透镜阵列。

尽管各种微结构要求各不相同,这取决于工艺运动学原理和所应用的金刚石刀具,但精确的刀具对准对所有微结构工艺至关重要。刀具对准误差可分为位置误差和角度误差,误差来源可能在刀具或工件本身,也可能是刀具坐标系转换的结果。

例如,在用于加工微透镜阵列的轮廓镗孔工艺中,未对准的刀具会导致腔体底部形成不同的偏差,或者导致透镜形状产生卵形偏差(图 5-7)。为了补偿轮廓镗孔或球头铣削中的刀具对准,作者已经进行了多种尝试,包括机械刀架[Bri03]和电动刀架[Sch09]。

类似的要求也适用于 V 形金刚石刀具的飞刀切削。例如,刀具的角度未对准直接导致加工的 V 形槽的形状误差。但仅当产生多个相交的凹槽以形成金字塔形结构时,才与工具的横向未对准有关。如果单个凹槽未在理想位置相遇,则会影响结构的光学功能。

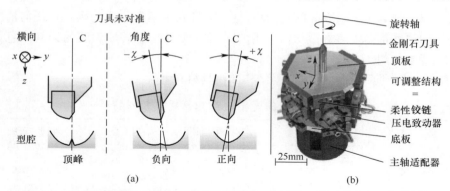

图 5-7 轮廓镗孔中的刀具未对准类型[Bri03]（a）和原位刀具对准中的刀架[Sch09]（b）

5.4.1 金刚石微凿切的专用刀具设计

某些工艺（如金刚石微凿切工艺）要求刀具具有专用于工艺所需的几何形状（图 5-8）。与标准金刚石刀具的显著区别是，该刀具绕轴线旋转了 $90°$[Sch10]，从而导致前刀面和后刀面的对准发生了转换。

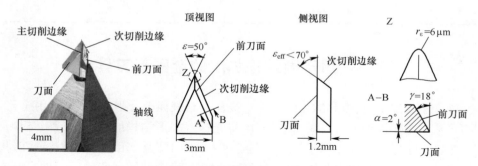

图 5-8 用于模具金刚石微凿切（DMC）的金刚石刀具

用于金刚石微凿切工艺的金刚石刀具的对准比铣削或车削工艺的刀具设置还要复杂。DMC 工艺要求金刚石刀具在所有 5 个加工轴上精确对准，以便按要求工作。因此，通过一种采用了校准的高分辨率视频显微镜的迭代设置程序来测量切割到工件表面的专用测试结构。

例如，采用在表面上切割一个具有确定边长的正方形测试结构的方法，检测确定在工件坐标系下刀尖的纵向和横向位置。这个过程分为两步：第一步，先加工正方形的左下部分结构，切削完该部分后，将工件旋转 $180°$，然后将刀尖重新定位到先前切割的微结构的理论计算位置；第二步，在理论计算的位置处加工正方形的其余部分。如果刀具的理论计算位置和实际位置之间出现偏差，则可以从测试结构的变形中观察和测量到这种偏差。

使用此刀具对准程序并结合其他测试结构来确定角度偏差,可以在所有线性轴上以低于 1μm 的精度、在旋转轴上以低于 0.1°的精度实现刀尖定位。

5.5 加工时间

小面积微结构的加工时间具有挑战性,但也是可行的。但当试图增加微结构面积或减小单个特征的特征尺寸时,加工时间成为一个关键问题[Flu09]。根据尺度的参数,加工时间效果可以是线性的(结构化区域的增加)或指数级的(特征尺寸的减少)。图 5-9 展示了尺度效果的大小。针对可比较的特征尺寸(与结构区域的数量相等)估算了所有值。

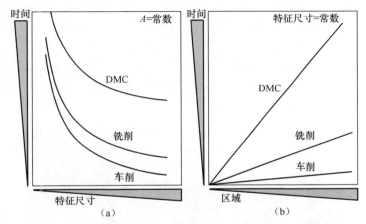

图 5-9 恒定微结构区域(A)(a)和恒定特征尺寸(b)的加工时间曲线[Flu09]

接下来,针对不同的工艺,研究在一个固定的特征尺寸上增加结构化区域对加工时间的影响。

在这种情况下,车削工艺具有最佳的加工效率:加工时间仅取决于工件的半径和所应用的进给速率,因此加工时间斜率很小。当通过慢刀或快刀伺服系统扩展车削工艺时,最大可用切削速度受到系统带宽的限制,因此时间斜率略有增加。

在铣削工艺中,加工时间取决于进给方向的长度和各个特征的间距。这必须乘以必要的加工方向的数量(例如,对于加工图 5-1 所示的三棱反射镜特征,应为 3 个)。与车削工艺相比,加工类似数量的微结构区域增加了加工时间。但是,微结构区域与加工时间之间的总体关系保持线性。

金刚石微凿切加工时间的计算比其他提到的工艺还要复杂。由于每个切面需要多次进刀,因此加工时间取决于许多因素。除了加工单个型腔的大量切削以外,还必须非常缓慢地移动机床轴,以便在不引起加工轴的振动或超调的情况下实现所需的尖锐棱角。

在典型加工应用中,加工时间范围从几分钟(车削)到几小时(铣削)或几天(DMC)。在这种情况下,机床稳定性和环境影响变得越来越重要。为了将这些影响减至最小,必须在受控环境中进行微结构加工。这包括温度控制、湿度控制和机床误差解耦。因此,必须采用创新的工艺监控和现场质量控制程序来在早期阶段检测工艺的关键状态,在发生这种情况时,必须采用专用的补偿策略(如校正刀具对准或更换磨损的刀具)。

5.6 微结构加工中的刀具磨损

除了对准、温度和结构稳定性方面的挑战外,由于加工时间非常长,刀具磨损也是一个关键问题。例如,当使用飞刀加工光学V形槽时,侧面磨损可能会降低凹槽侧面的粗糙度,而金刚石刀尖的磨损会导致棱柱的边缘变圆。其结果是被加工的结构反射光的亮度降低。

通过对镍磷镀层上的V形凹槽进行逆铣—顺铣实验,首次尝试了确定刀具磨损及其对加工表面的影响。为了评估表面质量,用白光干涉仪检测了加工槽的切面(图5-10)。

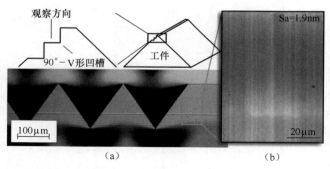

图5-10 在镍磷镀层上切削的90°V形槽(a)和一个凹槽侧面的白光干涉图(b)

无论凹槽是在顺铣或逆铣模式中进行切削的,其粗糙度都没有显著差异。因此,可以采用顺铣—逆铣交替加工,从而将加工时间减少了2倍。

通过在镍磷镀层上飞刀加工70°V形凹槽并定期检查刀具,研究了金刚石刀具的磨损(图5-11)。在总凹槽长度为400m(对应于60h的切削时间)后,观察到金刚石刀具的刀尖磨损约为2μm。尽管这一观察结果是基于单独的实验,但仍可将其作为一个指导准则,用于判断典型V形金刚石刀具使用多长时间后会因刀具磨损而使凹槽的几何形状和粗糙度受到影响。

超过刀具使用寿命标准的微结构加工,需要在过程中更换刀具。必须确保第二个刀具与第一个刀具加工的结构进行高精度对准。

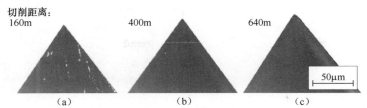

图5-11 金刚石刀具切削后的侧面,切削距离分别为160m(a)、400m(b)和640m(c)

5.7 小 结

金刚石加工为不同复杂程度、亚毫米级甚至纳米级的各种特征尺寸的光学微结构的加工提供了广泛的工艺流程。金刚石加工工艺的固有优势是在获得低表面粗糙度和良好面形精度的同时具有高灵活性。另外,与自由曲面的加工相比,微结构工件材料的选择是有限的。

根据结构类型的不同,每种工艺都有其特定的优点和缺点:金刚石车削总是产生圆弧结构,但即使在大面积上也具有很高的加工速度。FTS和S^3显著扩展了车削工艺的能力。铣削工艺能够加工线性特征结构,但加工尺寸相当的微结构区域却需要更长的时间。其他工艺(如金刚石微凿切)对所需的设备提出了很高的要求,并且需要非常长的加工时间,但能够加工一些新型的几何形状,为光学微结构加工开辟了全新的领域。

致 谢

本研究属于德国跨区域科研合作重大专项项目SFB/TR 4"复杂光学元件的复制工艺链"的一部分工作,作者感谢德国研究基金会为本研究提供资金支持。

参 考 文 献

[Bri03] Brinksmeier, E., Gläbe, R., Autschbach, L.: Novel ultraprecise tool alignment setup for contour boring and ball-end milling. In: Proc. of the ASPE Annual Meeting, Portland, Oregon, October 26-31, pp. 271-274 (2003)

[Bri05] Brinksmeier, E., Autschbach, L., Gubela, H.-E., Ahbe, T.: Herstellung dreidimensionaler mikrooptischer Funktionsflächen. HTM 60(1), 33-39(2005) (in German)

[Bri07] Brinksmeier, E., Gläbe, R., Lünemann, B.: Diamond machining of diffractive optical patterns by using a nanometer-stroke Fast Tool Servo. In: Proc. of the VII LAMDAMAP Conference, Cardiff, Wales, June 25-28, pp. 232-241 (2007)

[Bri08] Brinksmeier, E., Gläbe, R., Flucke, C.: Manufacturing of molds for replication of micro cube corner retroreflectors. Production Engineering-Research & Development 2(1), 33-38 (2008)

[Bri10a] Brinksmeier, E., Riemer, O., Gläbe, R., et al.: Submicron functional surfaces generated by diamond machining. CIRP Annals - Man. Tech. 59, 535-538 (2010)

[Bri10b] Brinksmeier, E., Schönemann, L., Gläbe, R.: Review on Diamond-Machining Processes for the Generation of Functional Surface Structures. In: Proc. of 4th HPC Conference, Gifu, Japan, October 24-25, pp. 79-84 (2010)

[Cor08] Cornelissen, H.: Polarized-light backlights for liquid-crystal displays. SPIE Newsroom (November 12, 2008), http://dx.doi.org/10.1117/2.1200811.1363(viewed online October 01, 2010)

[Dav03] Davies, M. A., Evans, C. J., Patterson, R. S., Vohra, V., Bergner, B. C.: Application of precision diamond machining to the manufacture of micro-photonics components. In: Proc. of SPIE, vol. 5183, pp. 94-108 (2003)

[Day02] Day, M., Weck, M.: Ultraprecsion Milling and Planing Machine for large Workpieces. In: Proc. of the 3rd Euspen Conference, Eindhoven, Netherlands, May 26-30, vol. 1, pp. 345-348 (2002)

[Dor08] Dornfeld, D., Lee, D. E.: Precision Manufacturing, Springer Science+ Business Media (2008) ISBN 978 0 387 32467 8

[Eva99] Evans, C. J., Bryan, J. B.: "Structured", "Textured" or "Engineered" Surfaces. CIRP Annals - Man. Tech. 48, 541-556 (1999)

[Flu09] Flucke, C., Schönemann, L., Brinksmeier, E., et al.: Scaling in Machining of Optics from Reflective to Diffractive Function. In: Proc. of the 9th Euspen Conference, San Sebastian, Spain, vol. 1, pp. 17-20 (June 2009)

[Meh10] Mehner, A., Dong, J., Hoja, T., Prenzel, T., Mutlugunes, Y., Brinksmeier, E., Lucca, D. A., Klaiber, F.: Diamond Machinable Sol-Gel Silica Based Hybrid Coatings for High Precision Optical Molds. Key Engineering Materials 438, 65-72 (2010)

[Mic08] Michaeli, W., Klaiber, F., Scholz, S.: Investigations in Variothermal Injection Moulding of Microstructures and Microstructured Surfaces. In: Proceedings of the 4M2008 Conference (2008), http://www.4m-net.org/files/papers/ 4M2008/06-12/06-12.PDF (viewed online November 19, 2010)

[Neu07] Neumann, C.: Innovative Optical Systems for Automotive Signal Lamps. Presentation at the iMOC 2007, Bremen, Germany (May 24, 2007)

[Ohm02] Ohmori, H., Uehara, Y., Ueno, Y., Suzuki, T., Morita, S.: Ultraprecision Fabrication Process of Large Double-sided Spherical Fresnel Lens. In: Proc. of the 3rd Euspen Conference, Eindhoven, Netherlands, May 26-30, vol. 1, pp. 365-368 (2002)

[Rie08] Riemer, O.: A Review on Machining of Micro-Structured Optical Molds. Key Engineering Materials 364-366, 13-18 (2008)

[Sch09] Schönemann, L., Brinksmeier, E., Osmer, J.: A piezo-driven adaptive tool holder for ultraprecision diamond tool alignment. In: Proc. of the 9th Euspen Conference, San Sebastian, Spain, vol. 1, pp. 398-401 (June 2009)

[Sch10] Schönemann, L., Brinksmeier, E., Flucke, C., Gläbe, R.: Tool Development for Diamond Micro Chiseling. In: Proc. of the 10th Euspen Conference, Delft, Netherlands, May 31-June 04, vol. 2, pp. 86-90 (2010)

[Tak09] Takeuchi, Y., Yoneyama, Y., Ishida, T., Kawai, T.: 6-Axis control ultraprecision microgrooving on sculptured surfaces with non-rotational cutting tool. CIRP Annals - Manufacturing Technology 58-1, 53-56 (2009)

第 6 章

可金刚石加工的新型氮化工艺模具钢

Ekkard Brinksmeier, Franz Hoffmann, Ralf Gläbe, Juan Dong, Jens Osmer

由于单晶金刚石刀具在加工钢合金材料时,刀具磨损非常严重,因此,一直无法实现具有光学表面粗糙度的钢合金超精密加工。该问题的最近解决方案是对钢进行热化学处理,例如定制渗氮或氮碳共渗。此工艺会在钢表面形成化合物层,其中铁原子与氮化物或氮化碳结合。该化合物层可以采用金刚石刀具加工,而不会出现明显的刀具磨损。本章介绍了有关热化学处理及其后的金刚石切削工艺,包括在钢表面形成致密的厚化合物层所采用的不同的氮化和氮碳共渗工艺。这些化合物层的金刚石加工结果表明,热化学处理可实现光学表面质量,并且可以抑制化学刀具磨损。此外,还讨论了加工有色金属与加工热化学处理的钢合金的差异。最后,给出了采用经热化学处理的钢制成的模具镶件来复制玻璃和塑料光学元件的示例。本章概述了使用氮化或氮碳共渗钢模具复制复杂光学零件的整个工艺链。

6.1 概 述

用单晶金刚石刀具对有色金属进行超精密加工是光学制造领域的最新技术。然而,由于单晶金刚石刀具会发生严重磨损,因此无法实现钢合金的光学表面精加工。这是严重的缺陷。特别是对于复杂的玻璃或塑料透镜的制造,为了复制这些光学组件,必须使用由钢合金或陶瓷制成的模具镶件。到目前为止,已通过各种迭代的加工步骤对这些模具进行了加工,如磨削、抛光和测量(图6-1)。仅需要一个金刚石加工工艺的制造过程将减少加工时间和成本。

即使尚未完全掌握金刚石刀具在黑色金属合金的超精密切削中的磨损机理,但磨损明显具有化学磨蚀性。这一点类似于用钢片抛光片对金刚石进行热化学抛光[Che07]。在铁的催化下,金刚石表面碳键发生 sp^2 杂化。这就导致金刚石晶格的上层发生相变,并且即使在室温下,碳原子也会氧化成 CO 和 CO_2。另一种可能的去除机理是碳原子扩散到了钢基底中。

由于磨损机理具有化学成分,因此,已进行了许多降低磨损率的尝试。例如,

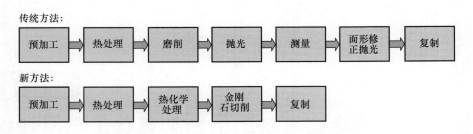

图 6-1 用金刚石切削代替传统方法的光学模具制造新方法

通过冷却工件[Eva91]、在碳饱和环境下进行加工[Cas83]、对金刚石刀具进行修磨镀膜[Gla03]或在超声辅助车削工艺中减少工件与切削刀具之间的接触时间[Mor99]。根据最近的进展,用于金刚石车削的超声系统的频率已增加到 80kHz,减少了工件和切削刀具之间的接触时间以及刀具磨损。使用这些系统,可以实现光学表面质量和优异的面形精度[Klo10]。超声波辅助金刚石车削的另一个缺点是加工时间相对较长,这使其仅适用于小型光学元件。

在 SFB/TR 4 项目的研究工作中,基于对钢表层的热化学处理,采取了另一种方法。这种方法受如下事实驱动:热化学刀具磨损不仅是钢合金的金刚石加工中的现象,也是镍基合金加工中的现象。在这种情况下,可以通过使 10%~12% 的磷合金化来降低镍的催化性能[Pau96]。由于镍(有 3 个不成对的 d 壳层电子)和铁(有 4 个不成对的 d 壳层电子)的电子结构相当,因此,通过气体氮化或气体氮碳共渗将氮添加到表面边界层中,可以对钢合金起到相同的作用[DON03]。通过这种热化学处理,可以形成一个化合物层,其中的铁原子与氮化物或碳氮化物相连,从而使铁的催化活性降至最低,并实现了没有明显刀具磨损的金刚石加工[Bri06]。

6.2 氮化和氮碳共渗

氮化和氮碳共渗是在高温下在具有氮和/或碳载体的介质中进行的热化学表面处理。因此,氮或氮和碳扩散到钢表面,形成由 $\varepsilon\text{-}Fe_{2-3}(N,C)$ 和/或 $\gamma'\text{-}Fe_4(N,C)$ 组成的化合物层,并在其下形成扩散区。因此,与钢基底相比,该化合物层具有不同的化学组成、电子组态、晶体结构和性能。典型的化合物层如图 6-2 所示。

已通过金刚石加工实验证明了氮化钢化合物层的可加工性,实验结果表明,金刚石刀具的磨损已显著降低了至少 300 倍[Don03,Bri04]。这些实验的成功证明热化学处理可以使钢变得具有金刚石加工性。然而,该应用需要可加工性更好、力学性能更强、更厚且致密的化合物层,因此,热化学处理需要进一步发展。

在氮碳共渗工艺中生成厚化合物层通常可以通过提高温度、延长持续时间和提高氮化势来实现。但是化合物层的生长伴随着孔的形成,导致化合物层的密度、

第6章 可金刚石加工的新型氮化工艺模具钢

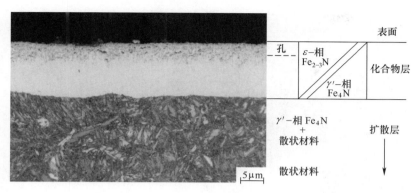

图6-2 淬硬钢(42CrMo4)氮化后的横截面和主要物相

硬度、强度和韧性降低。此外,孔隙率随着化合物层厚度的增加而增大[Hof91]。氮化物的分解以及氮原子与氮分子的重组被认为是形成孔的一个可能原因[Pre73,Som92,Hof96]。直到现在,关于如何生成低孔隙率的化合物层的知识仍然不足。因此,在目前的工作中进行了实验研究。研究涉及基本工艺参数对化合物层的孔隙率的影响。这些参数包括加工温度、持续时间、氮化势 K_N、渗碳势 K_C^B 以及用于氮碳共渗的含碳物质。下面介绍所选取的重要结果。

6.3 加工条件

6.3.1 设备

低氮化势被认为有利于抑制低合金钢上的孔的形成[Pre73,Sly89],而具有高分压的氢气则有利于孔的形成[Gra68,Sch02,Vog02]。通过本实验对此进行了检验。采取了两种措施来实现低氮化势和低氢分压。第一种是通过添加氮气来稀释加工气体,第二种是通过避免多余的催化表面来抑制氨分解。后者会受到诸如氮化炉的钢罐的影响。因此,在本实验中引入了两种设备,分别是蒸馏炉和石英反应器,如图6-3和图6-4所示。

6.3.2 在氨和氮的混合物中氮化

第一种氮化工艺(工艺1.1N)在蒸馏炉中进行,温度为590℃,时间为6h,混合气体为 $NH_3/N_2=5/5$,氮化势 $K_N=0.6$。第二种氮化工艺(工艺2.1N)在石英反应器中进行,温度为615℃,时间为6h,混合气体为 $NH_3/N_2=3/7$,氮化势 $K=2.0$。氢分压分别被定为约0.37bar和0.18bar。

经过1.1N和2.1N两种工艺后的42CrMo4钢的金相组织(图6-5)分别形成

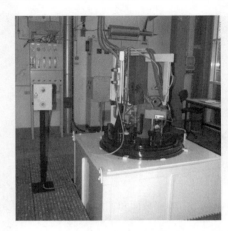

体积：400L
尺寸：$\phi 600mm \times 700mm$
最大承载质量：200kg
T_{max}=830℃
循环
蒸馏器：钢X15CrNiSi25-21(1.4841)
传感器：氧传感器
　　　　氢气传感器
　　　　氨气分析仪
控制：氮化势
　　　$K_N = p(NH_3)/p(H_2)^{1/2}$ bar$^{1/2}$
　　碳化势
　　　$K_C^B = p(CO)^2/p(CO_2)$ bar
　　氧化势
　　　$K_O = p(H_2O)/p(H_2)$

图 6-3　用于热化学处理的蒸馏炉

体积：5.5L
尺寸：$\phi 10cm \times 70cm$
承载质量：小型工件
最高温度：650℃
流量控制器：N_2, NH_3, O_2, CO_2
传感器：氧气传感器
　　　　氢气传感器
　　　　不控制 K_N
功能：石英玻璃管（惰性）

图 6-4　用于热化学处理的带有石英玻璃反应器的加热炉

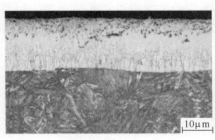 

(a)　　　　　　　　　　　　(b)

图 6-5　经过以下两个工艺后的 42CrMo4 的化合物层（白）
　　　　(a)工艺 1.1N：590℃下 6h，NH_3/N_2=5/5，K_N=0.6；
　　　　(b)工艺 2.1N：615℃下 6h，NH_3/N_2=3/7，K_N=2.0。

第6章 可金刚石加工的新型氮化工艺模具钢

约为 30μm 和 22μm 的化合物层。前者有一个约 12μm 的多孔外部区域,约占化合物层厚度的 40%。后者的多孔区域较薄,约占化合物层厚度的 32%。较薄的化合物层中的多孔区域的孔隙度似乎较低。工艺 2.1N 的较低氢分压是造成该层孔隙率较低的原因,而较高的氮化势则有利于孔的形成。化合物层的生长速率可能与孔隙率有关。

6.3.3 添加一氧化碳或二氧化碳进行氮碳共渗

使用一氧化碳(CO)和二氧化碳(CO_2)作为碳氮共渗的供体。通过两个实验检查了碳供体对孔的形成的影响。分别在石英反应器中使用 $NH_3/N_2 = 2/8 + 4.8\%$ CO_2(工艺 2.2NC)和 $NH_3/N_2 = 3/7 + 2.0\%CO$(工艺 2.3NC)的混合气体进行实验。

氮碳共渗后的微观结构(图 6-6)表明,工艺 2.2NC 的化合物层比工艺 2.3NC 的化合物层厚。多孔区约占化合物层厚度的 50%。高氮化势的氮碳共渗不利于获得致密的化合物层。化合物层中的碳含量分别约为 1% 和 2%。较高的碳含量阻碍了化合物层的生长。

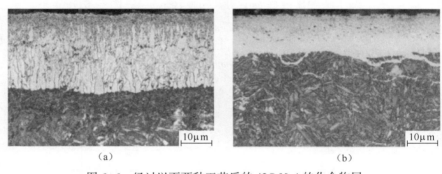

图 6-6 经过以下两种工艺后的 42CrMo4 的化合物层
(a)工艺 2.2N:695℃ 下 6h,$NH_3/N_2 = 2/8 + 4.8\%CO_2$,$K_N = 2.2$;
(b)工艺 2.3N:590℃ 下 6h,$NH_3/N_2 = 3/7 + 2.0\%CO$,$K_N = 3.0$。

如图 6-7 所示,在氮碳共渗环境中高氢分压和二氧化碳的组合(工艺 1.3NC)也导致形成了带有横向裂纹的多孔化合物层。相反,在氮气稀释的混合气体中(工艺 1.2NC)进行的氮碳共渗有效地抑制了孔隙率。

6.3.4 两步法工艺

与常规的一步法氮碳共渗工艺相反,我们引入了两步法工艺以说明化合物层的孔隙率是否会受到影响。两步法工艺(工艺 1.4N-NC)包括第一步在 590℃ 下氮化 6h,第二步在 480℃ 下进行氮碳共渗 10h。42CrMo4 的微观结构(图 6-8(a))表明,通过两步法获得的化合物层的厚度与通过一步法获得的化合物层的厚度相当(图 6-5

图 6-7 在 590℃下氮碳共渗 10h 后的 42CrMo4 化合物层
(a) 工艺 1.2NC：$NH_3/N_2 = 4/5 + 2.7\%CO_2$，$K_N = 0.8$，$P_{H_2} = 0.30$ bar；
(b) 工艺 1.3NC：$NH_3 + 2.6\%CO_2$，$K_N = 0.6$，$K_C^B = 0.1$，$P_{H_2} = 0.54$ bar。

(a))。图 6-8(a)中的孔看起来比图 6-5(a)中的孔小。该结果表明，在较低温度下第二步中化合物层没有进一步生长，并且化合物层中的孔也未增加。但是，可以确定，与一步法相比，两步法中化合物层中的氮和碳含量更高(图 6-8(b))。

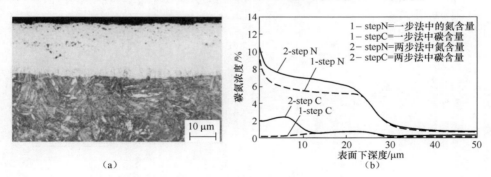

图 6-8 (a)化合物层，(b)(与一步法工艺相比)两步法工艺
1.4N-NC 后的 42CrMo4 化合物层中的 N-和 C-曲线。工艺 1.4-NC：
第一步在 590℃下 6h，$NH_3/N_2 = 5/5$，$K_N = 0.7$，第二步在 480℃下 10h，
$NH_3/N_2 = 5/5 + 2.4\%CO$，$K_N > 10$，$K_C^B = 0.1$

可以得出，化合物层的厚度是由第一步中较高温度下氮的快速扩散确定的。在第二步中，可以略微降低孔隙率，这是因为通过降低温度可以抑制孔的形成，并且随着化合物层中氮和碳含量的增加，氮化碳的比容增大。因此，两步法工艺可用于控制化合物层的厚度和组成成分。

6.3.5 钢中的合金元素

与 42CrMo4 钢相比，采用相同的工艺氮化或氮碳共渗其他两种合金钢(图 6-1

第6章 可金刚石加工的新型氮化工艺模具钢

(b)中为2.1N,图6-6(b)中为1.3NC)。合金钢的微观结构如图6-9和图6-10所示。在高合金钢(X40CrMoV5-1和X40Cr13)上由特殊氮化物 Me_XN_Y(除 ε-和/或 γ'-氮化铁外)组成的化合物层,在经过相同的工艺后,通常比42CrMo4的化合物层薄。渗氮(工艺2.1N)后的化合物层几乎没有孔。相反,二氧化碳的存在和高氢分压(工艺1.3NC)导致在化合物层中形成孔和孔链或裂纹。晶界似乎是孔生长的首选位置。

图6-9 经过以下两个工艺后的X40CrMoV5-1
(a)工艺2.1N:615℃下6h,$NH_3/N_2=3/7$,$K_N=2.0$;
(b)工艺1.3NC:590℃下10h,$NH_3+2.6\%CO_2$,$K_N=0.6$,$K_C^B=0.1$。

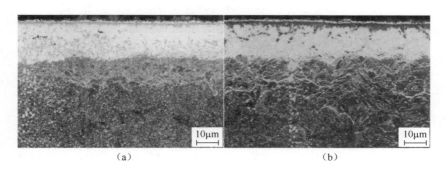

图6-10 经过以下两个工艺后的X40Cr13
(a)工艺2.1N:615℃下6h,$NH_3/N_2=3/7$,$K_N=2.0$;
(b)工艺1.3NC:590℃下10h,$NH_3+2.6\%CO_2$,$K_N=0.6$,$K_C^B=0.1$。

6.4 金刚石加工

在改进新型热化学工件的过程中,通过金刚石端面车削工艺进行了金刚石切削测试,从而可对磨损和加工结果进行基本评估。考虑到实际需要(如加工自由曲面),还采用了光栅飞刀切削工艺。图6-11展示了用超精密加工刀具进行金刚石车削和铣削的加工设置。在金刚石车削装置中,切削刀具固定在可调节的刀架上,工件用真空吸盘安装在空气轴承的主轴上。铣削实验使用了四轴超精密加工刀具。切削刀具安装在圆盘上,并与空气轴承铣削主轴适配,该主轴可以在 x 和 y 方向上线性移动。用真空吸盘将工件安装在加工刀具夹紧的旋转轴上。

表 6-1 总结了两种加工操作(金刚石车削和金刚石铣削)的典型切削参数。使用了刀尖半径 $r_\varepsilon = 0.76\text{mm}$ 至 $r_\varepsilon = 3\text{mm}$ 的单晶金刚石刀具作为切削刀具。刀具的切削刃锋利度在 $r_\beta = 20\text{nm}$ 的范围内。

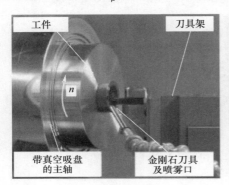

图 6-11 采用超精密加工刀具的金刚石车削(a)和金刚石铣削(b)设置

表 6-1 热化学处理过的钢合金的金刚石车削和金刚石铣削工艺参数

切削参数	金刚石车削	金刚石铣削
主轴速度 $n/(\text{r/m})$	250~500	3000~10000
进给速率 $f/\mu\text{m}$	2~10	8~160
切削速度 $v_c/(\text{m/min})$	20~160	470~4000
切削深度 $a_p/\mu\text{m}$	2~10	2~10
间距 $/\mu\text{m}$	—	72
回转半径 $/\text{mm}$	—	25~65

为了表征金刚石加工结果,研究了切削刀具的磨损和工件的表面质量。下面介绍了金刚石车削和铣削的详细结果。

6.5 金刚石车削

最初以未经处理的钢制工件为参考进行车削实验,以评估使用氮碳共渗工件时减少磨损的效果。切削刀具的磨损已通过 Nomarski 光学显微镜进行了测量。图 6-12 展示了所使用的金刚石刀具的侧面磨损。

第 6 章 可金刚石加工的新型氮化工艺模具钢

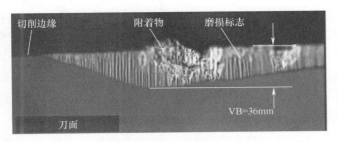

图 6-12 端面车削未经处理的碳钢(0.45%C)后,金刚石刀具刀面的显微图像;切削距离 500m

在这种情况下,在相对较低的切削距离(500m)后,加工产生的严重磨损的区域宽度 $VB = 36\mu m$。这种刀具磨损导致出现非光学的表面粗糙度,因此无法加工对表面质量和面形精度有很高要求的模具镶件。

在对碳钢进行基础研究之后,对更常用于光学模具制造的其他工件材料进行了热化学处理并进行了金刚石车削。几个实验表明,通过应用优化的切削和氮碳共渗参数,可以将刀具磨损降低 3 个数量级。经过热化学处理消除了改性应力并硬化的 42CrMo4 调质钢具有更均匀的纹理,在经过切削距离为 $l_c = 500m$ 的金刚石车削后,金刚石刀具的磨损小于 $2\mu m$。图 6-13 示例性地展示了用微分干涉显微镜测量的对碳氮共渗的 42CrMo4 金刚石车削后的切削刃(图 6-13(a))。由于刀具磨损在微分干涉显微镜的横向分辨率范围内,因此使用原子力显微镜详细测量了切削刃。观察到的刀具磨损痕迹如图 6-13(b)所示,其距离为 $1.5\mu m$。与化学镀镍的金刚石加工相比,这种磨损要略高一些[Bri10]。可检测到的磨损是高硬度化合物层导致的结果。典型的硬度值约为 1000HV,而化学镀镍的硬度为 550HV。工件材料的不均匀结构进一步影响了磨损。

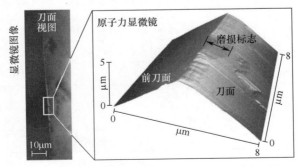

图 6-13 对氮碳共渗的钢工件进行加工后,金刚石切削刀具的显微镜图像和原子力显微镜(AFM)图像

使用经过硬化的热化学处理的高合金刀具钢进行金刚石车削实验,在经过 $l_c =$

300m 的切削距离后,磨损区宽度为 5μm。可检测到的磨损是由 1200HV 的高硬度导致的,该硬度在热化学改性过程中保持不变,工件材料结构的不均匀性也保持不变。

用白光干涉仪在表面的不同位置测量 1200μm×1000μm 的面积上的表面粗糙度。测得的粗糙度($Ra = 8 \sim 12$nm)的值与切削距离无关。通过手动后抛光,表面粗糙度很容易降到约 4nm。图 6-14 展示了两个用于复制玻璃透镜的经过金刚石车削的 X40CrMoV5-1 模具镶件。

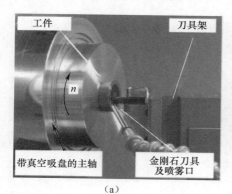
(a)

(b)

图 6-14 用于复制玻璃光学元件的模具镶件以及用白光干涉仪测量的表面形貌

为评估氮碳共渗钢的加工和传统应用材料的超精密加工的差异,使用 5 种典型的有色金属和氮碳共渗钢进行了金刚石车削实验[Osm10]。有色金属是 3 种铝合金,分别是纯铝、AlMg$_3$ 和特殊的细晶粒铝合金 RSA-905。另外,还包括高导无氧铜(OFHC)和化学镀镍。第六种材料是氮碳共渗刀具钢。表 6-2 展示了金刚石车削实验采用的工艺参数。

表 6-2 有色金属和氮碳共渗钢的金刚石车削工艺参数

切削参数	金刚石车削
切削刀具	单晶金刚石,$r_\varepsilon = 0.76$mm,$\alpha = 6°$,$\gamma = 0°$
进给速率 $f/(\mu m/rev)$	5/10
切削速度 $v_c/(m/min)$	10/20
切削深度 $a_p/\mu m$	5/10
润滑剂	喷雾、矿物油

已使用白光干涉仪在 1200μm×980μm 的面积上测量了粗糙度值。表 6-3 给出了各种参数组合的最小和最大平均值。每个值是一次车削实验中 8 次测量的平均值。对于不同的参数组合,可以发现表面粗糙度的细微差别,但是没有一个变量显示出统计学上的显著影响。

表 6-3　不同金刚石车削工件材料的表面粗糙度 Sa

工件材料		Al	AlMg₃	RSA-905	高导无氧铜	Nip 镀层	氮碳共渗钢
粗糙度 Sa/mm	最小值	6.5	6.0	7.0	6.3	6.5	9.0
	最大值	8.0	8.5	9.0	8.6	9.7	12.0

因此，不同的工艺参数没有显著影响。影响表面粗糙度的主要因素似乎是材料本身的内部微结构。在采用纯铝和高导无氧铜的情况下，晶粒结构的各向异性会导致表面形貌不稳定[Lee00]。无定形化学镀镍和细晶粒 RSA-905 铝合金显示出非常规则的表面形貌，这主要由端面车削工艺的运动学特性决定的。对于所研究的氮碳共渗钢材料，也可以发现相同的效应。图 6-15 示例性地展示了不同钢材的 3 种表面形貌。在所有情况下，表面均表现出平滑且均匀的形貌，而该形貌主要由端面车削工艺的运动学特性决定。

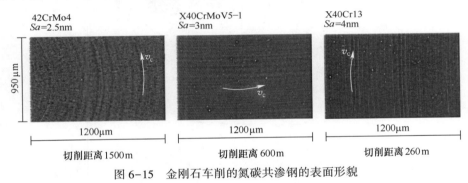

图 6-15　金刚石车削的氮碳共渗钢的表面形貌

6.6　金刚石铣削

对于具有自由曲面的下一代模具镶件，进行了金刚石铣削实验。初步的金刚石车削实验表明，化合物层的 ε 相或 γ' 相切削与金刚石刀具磨损之间存在很强的相关性。

因此，在表面以下 3~20μm 的深度进行了数次金刚石铣削实验。图 6-16 展示了 3 个 30mm×30mm 的钢表面经金刚石铣削后的例子，这些表面在不同的切削深度具有 15μm 厚的化合物层。

为了表征金刚石铣削的表面，使用白光干涉仪测量了表面粗糙度 Sa。因此，在所有样品的 10 个不同位置测量了尺寸为 1200μm×980μm 的区域。图 6-17 总结了这些测量结果。在表面下 6μm 的深度处的粗糙度值最低（Sa=6.0nm）。

此外，图 6-17 展示了上述实验中的金刚石刀具磨损情况。磨损几乎与表面以下的深度无关，这表明化合物层的化学和力学性能是恒定的。特殊的测量点位于

图 6-16　金刚石铣削的钢工件

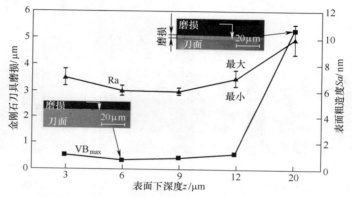

图 6-17　表面粗糙度和金刚石刀具的磨损与表面以下的深度之间的关系

表面以下 20μm 的深度处,磨损区的宽度约为 5μm,这表明如果在化合物层下的扩散层中进行加工,金刚石刀具的磨损会增加。因此,对达到光学表面粗糙度和减少金刚石刀具的磨损至关重要的是,需要在化合物层内加工模具镶件。

除了连续表面的加工外,还研究了氮碳共渗钢的微观结构。使用 V 形金刚石刀具进行了金刚石铣削实验。刀具的锥角为 $\varepsilon = 150°$。图 6-18 展示了相交的线性凹槽的扫描电子显微镜图像和白光干涉仪测量图像。测量结果表明,可以在不生

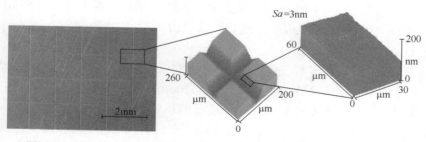

图 6-18　相交的线性凹槽的扫描电子显微镜图像和白光干涉仪测量图像

成毛刺的情况下对氮碳共渗钢进行结构加工。在 30μm×60μm 的测量面积上，侧面的表面粗糙度为 $Sa=3$nm。

6.7 用于光学复制的模具镶件

通过新型氮化工艺改性的钢可由金刚石进行加工。实际使用此方法的可能性已通过制造模具镶件的工艺链进行了检验（图 6-19），该模具镶件用于复制由塑料或玻璃制成的光学元件。

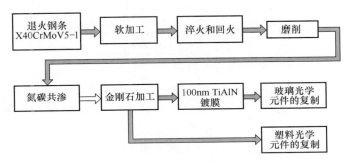

图 6-19 制造模具镶件的工艺链

磨削后的工件通过两步法进行热化学处理。第一步是在 $K_N=1.1$ 的情况下于 570℃下氮化 10h，第二步是在 $K_N>10$，$K_C^B=0.1$ 的情况下在 480℃下进行氮碳共渗 10h。对于 X40CrMoV5-1 钢，获得了厚度约为 14μm 的化合物层。在该化合物层的最外层出现约 4μm 的多孔区。金刚石加工去除了约 9μm 的表面层。因此，在完成的模具镶件上保留了 5μm 的化合物层。化合物层和扩散层的硬度分别达到约 1300 HV0.025 和 930 HV0.5。图 6-20(a) 展示了用于注射成型的经过氮碳共渗和金刚石加工的模具镶件，图 6-20(b) 展示了用于玻璃热压的经过氮碳共渗、金刚石加工和镀膜的模具镶件。需要使用 100nm 的 TiAlN 膜层来防止钢的表面氧化。

图 6-20 (a)用于注射成型的 φ50×15mm 的氮碳共渗模具镶件，以及 (b)用于玻璃热压的带有 100mm 的 TiAlN 膜层的 φ30×10mm 的氮碳共渗模具镶件

氮碳共渗钢模具(图 6-20(a))经受了 50 次 PMMA 透镜注射成型的处理而未受到任何损坏,经过碳氮共渗并镀膜的钢模具(图 6-20(b))在 375℃下经过了 18 次低 T_g 玻璃压制而没有发生明显变化。但是,观察到塑料或玻璃在氮碳共渗或镀膜的钢模具表面上有轻微的黏附。因此,抗黏连性将成为 SFB/TR 4 项目未来研究工作中的一个问题。

6.8 小　　结

可以通过优化工艺参数的纯氮化来生成厚度高而孔隙率低的化合物层。首先,氮化势和工艺环境的氢分压应很低。但是,氮碳共渗中添加的二氧化碳会促进孔的形成。两步法工艺是一种可用于控制化合物层的厚度和组成成分的有效方法。含有适量氮化物的合金钢显示出高成孔抗性。

金刚石加工的结果是具有光学表面质量的钢的超精密车削和铣削方面的一项突破。结果证明,如果对工件的表面区域进行热化学改性,使得金刚石晶格中的碳原子与工件材料的铁原子之间不会发生化学反应以防止化学刀具磨损,则可以对合金钢进行超精密加工。有趣的是,加工的化合物层的硬度不会强烈影响金刚石刀具的磨损,因此,可以将经过硬化、热化学改性和金刚石加工的模具直接用于复制塑料零件。而通过使用 TiAlN 膜层防止氧化,甚至可实现低 T_g 玻璃的热压。经过化学热处理的工件可以通过车削和铣削加工,但是铣削更灵活,可以应用于复制光学自由曲面组件。目前,已成功实现了第一项工业应用。

致　　谢

本研究属于德国跨区域科研合作重大专项项目 SFB/TR 4"复杂光学元件的复制工艺链"的一部分工作,作者感谢德国研究基金会为本研究提供资金支持。

参 考 文 献

[Bri04] Brinksmeier, E.; Dong, J; Gläbe, R.: Diamond Turning of Steel Moulds for Optical Applications. Proc. of 4th euspen International Conference, Glasgow, Scotland (UK), May-June 2004

[Bri06] Brinksmeier, E; Gläbe, R.; Osmer, J.: Ultra-precision Diamond Cutting of Steel Moulds". Annals of the CIRP, 55/1, p. 551-554 (2006)

[Bri10] Brinksmeier, E; Gläbe, R.; Osmer, J.: Diamond Cutting of FeN-Layers on Steel Substrates for Optical Mould Making". Key Engineering Materials Vol. 438, p. 31-34 (2010)

[Cas83] Casstevens, J.: "Diamond Turning of Steel in Carbon Saturated Atmospheres". Precision Engineering 5, p. 9-15 (1983)

[Che07] Chen, Y; Zhang, L. C; Arsecularatne, J. A., Zarudi, I.: "Polishing of polycrystalline diamond by the technique of dynamic friction", Part 3: "Mechanism exploration through debris analysis". International Journal of Machine Tools and Manufacture, 47, p. 2282-2289 (2007)

[Don03] Dong, J.; Gläbe, R.; Mehner, A., Mayr, P.; Brinksmeier, E.: Verfahren zur Mikrozerspanung von metallischen Werkstoffen. German Patent DE 10333860A1, 2003, United States Patent No US7582170B2, 2009

[Eva91] Evans, C.: "Cryogenic Diamond Turning of Stainless Steel", Annals of the CIRP, 40/1, p. 571-575 (1991)

[Glä03] Gläbe, R.: "Prozess- und Schneidstoffentwicklung zur ultrapräzisen Drehbearbeitung von Stahl". Dissertation Universität Bremen, Shaker Verlag (2003)

[Gra68] Grabke, H. J.: Reaktion von Ammoniak, Stickstoff und Wasserstoff an der Oberfläche von Eisen. I. Zur Kinetik der Nitrierung von Eisen mit NH3-H2- Gemischen und der Denitrierung. In: Berichte der Bunsengesellschaft 72 (1968) Nr. 4 p. 533-541

[Hof91] Hoffmann, F.; Kunst, H.; Klümper-Westkamp, H.; Liedtke, D.; Mittemeijer E. J.; Rose, E.; Zimmermann, K.: Stand der Kenntnisse über die Porenentstehung beim Nitrieren und Nitrocarburieren. The 1th European conference, Nitriding and Nitrocarburising," 1991, Darmstadt, Proceeding, p. 105-113

[Hof96] Hoffmann, R.; Mittemeijer, E. J.; Somers, M. A. J.: Verbindungsschicht-bildung beim Nitrieren und Nitrocarburieren. In: HTM 51 (1996), Nr. 3, p. 162-169

[Klo10] Klocke, F.; Dambon, O.; Bulla, B.: "Direct Diamond Turning of Aspheric Steel Moulds with Ultra Precise Accuracy". Proc. of the 25th Annual Meeting of the ASPE 2010, Atlanta, USA

[Lee00] Lee, W. B.; To, S.; Cheung, C. F.: "Effect of Crystallographic Orientation in Diamond Turning of Copper Single Crystals". Scripta Materialia, Volume 42/10 (2000), p. 937-945

[Mor99] Moriwaki, T.; Shamoto, E.: "Ultraprecision Diamond Cutting of Hardened Steel by Applying Elliptical Vibration Cutting". Annals of the CIRP, 48/1, p. 441-444 (1999)

[Osm10] Osmer, J.; Meier, A.; Gläbe, R.; Riemer, O.; Brinksmeier, E.: "Ultra Precision Machining of Non-Ferrous Metals and Nitrocarburized Tool Steel". Key Engineerig Materials Volumes 447-448 (2010), p. 46-50

[Pau96] Paul, E.; Evans, C. J.; Mangamelli, A.; Mc Glauflin, M. L.: "Chemical Aspects of Tool Wear in Single Point Diamond Turning". Precision Engineering 18, p. 4-19 (1996)

[Pre73] Prenosil, B.: Einige neue Erkenntnisse über das Gefüge von um 600 ℃ in der Gasatmosphäre carbonitrierten Schichten. In: HTM 28 (1973), Nr. 3, p. 157-164

[Sch02] Schröter, W.; Spengler, A.: Beitrag zum Erkenntnisstand der Porenentstehung bei der Schichtbildung durch Stickstoff in Eisenwerkstoffen. ATTT/AWT-Tagung, Aachen, 10.-12. Apr, 2002

[Sly89] Slycke, J.; Sproge, L.: Kinetics of the gaseous nitrocarburising process. In: Surface Engineering 5 (1989) Nr. 2, p. 125-140

[Som92] Somers, M. A. J.; Mittemeijer, E. J.: Verbindungsschichtbildung während des Gasnitrierens und des Gas- und Salzbadnitrocarburierens. In: HTM 47 (1992), Nr. 1, p. 5-13

[Vog02] Vogelsang, K.; Schröter, W.; Hoffmann, R. und Jacobs, H.: Ein Beitrag zum Problem der Porenbildung. In: HTM 57 (2002), Nr. 1, p. 42-48

第7章

精密玻璃成型工艺中模具镶件的新加工工艺

Fritz Klocke, Ekkard Brinksmeier, Oltmann Riemer, Max Schwade, Heiko Schulte, Andreas Klink

  本章介绍了加工复杂模具的两种新工艺链,分别是金刚石磨削法以及与基于机床磨料轮廓抛光相结合的金刚石轮廓磨削法。超细粒度的金属结合剂金刚石砂轮能够提供优越的磨削效果。但金属结合剂和细磨粒的组合会给使用传统方法进行的校形和修整工作带来很大的困难。加工旋转对称的模具镶件时,可以采用电化学在线修整来获得光学级的表面质量,无须后续的抛光过程。

  对于更复杂的面形,则需要一个微轮廓砂轮。而砂轮的预修整和轮廓加工难以完成的,可以采用非常规的电火花线切割加工工艺(WEDM)完成。为了使成型的模具满足光学质量方面的表面粗糙度要求,还需要进行后续的抛光处理。因此,还介绍了与基于机床的轮廓抛光相结合的金刚石轮廓磨削新工艺。

7.1 概 述

  光学行业需要几何形状复杂的元件,如球面、非球面以及面形精度要求很高的微结构透镜。通过玻璃模压工艺大批量生产这类透镜和透镜系统是一种要求非常苛刻的加工工艺。需要非常坚硬且耐高温的模具材料,如硬质合金和陶瓷。但这些硬脆材料的加工非常困难,这就使金刚石精密磨削成为一项关键技术,参见文献[Sha96]和[Bri10]。采用含有金属结合剂的细粒度金刚石砂轮,能够实现较高的轮廓一致性和材料去除率,并且耐磨,表面质量也可达到最佳。但金属结合剂和细磨粒的组合会给使用传统方法进行的校形和修整工作带来很大的困难。

  为了加工旋转对称经典透镜的模具镶件,可以采用电化学在线修整方法对金属结合剂砂轮进行修整,从而达到光学级别连续表面质量品质。因为无需进一步抛光,所以缩短了时间,降低了加工成本。

  更复杂的模具形状(如用于二极管激光器光束准直的柱面透镜阵列),则无法通过超精密铣削加工达到光学级的品质。在这种情况下,金刚石轮廓磨削与基于机床的粗糙轮廓研磨抛光相结合就是一项关键技术。通过电火花线切割方法可以实现金属结合剂砂轮的仿形加工同步修整。要使模具的表面粗糙度达到光学品质,有必要进行轮廓的后续抛光。

与传统的连续表面面形抛光方法相比,粗糙轮廓抛光的主要难点在于防止倒圆刃、避免抛光刀具的非均匀磨损以及防止局部材料去除的差异。实验结果表明,与预磨的表面质量相比,采用硬质合金的表面质量有了显著改善。下面将介绍采用了这些新工艺的两种工艺链,并给出了详细的结果。

7.2 旋转对称玻璃透镜的工艺链

在图7-1中给出用于生产旋转对称玻璃透镜的初始工艺链,模具的加工采用金刚石精密磨削和研磨抛光相结合。工件的质量和面形精度主要取决于磨削工艺,特别是工艺链中的后续步骤,取决于磨削的质量。因此,工件表面具备一个无需后续抛光工艺的表面质量将减少制造工艺中所需的步骤、制造时间和制造成本。

通过使用金属结合剂砂轮,可以在磨削过程中保持高耐磨性和轮廓恒定度。通过将细磨粒与超细磨粒相结合能够直接得到预期的光学表面品质,无需抛光。特别是青铜结合剂砂轮,能够得到有效利用,因为其化学成分更容易调整,相应地,其黏结硬度也更容易调整,从而可以适应特定的磨削任务。因此,这些砂轮可用于硬脆模具材料的特定精密加工任务。但是,颗粒度小到仅几个微米的金刚石与金属结合剂这一组合方式会给常规的修整工作带来很大的困难。鉴于砂轮的金属结合剂成分,新的电化学在线修整方法是一种强有力的替代修整技术。

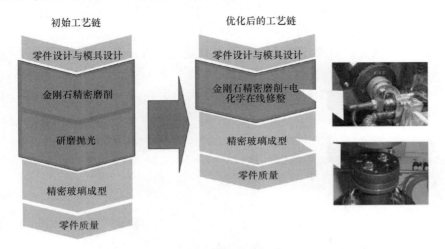

图7-1 旋转对称模具镶件的工艺链

这种非传统的修整工艺使用类似电化学加工的阳极金属溶解方法消除砂轮的金属黏结。因为金刚石颗粒是不导电的，所以它们不会被该过程影响。众所周知，电化学加工（ECM）在加工表面上不产生热效应，因此对金刚石结构也没有间接影响。通过消除黏结材料，在磨削过程中已经磨损的金刚石粗粒已经被去除。更深层的新的尖锐金刚石粗粒形成新表面，并且可以实现最佳的颗粒突起。修整工作可以在实际的磨削机床上进行，并且可以与磨削并行操作，如图7-2所示。用于磨削过程的冷却润滑剂也可用作电解质。

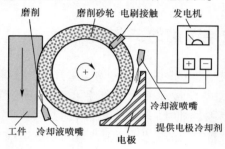 

图7-2 电化学在线修整的原理

为了避免修整过程中造成的砂轮过度磨损，在被动工作范围内生成了一层氧化物。随着厚度增加，该层的电阻明显增加，(在预修整过程中)它会减慢阳极溶解，直到完全停止。这种在线修整方法的效率已经通过一种被称作"电解在线砂轮修整技术"（ELID）的磨削工艺得到了证明，这种ELID磨削工艺也通过生成氧化层来阻止结合剂的进一步修整[Ohm90]。在ELID磨削中，主要使用铸铁结合剂砂轮，因为其钝化特性良好。在生产中，青铜结合剂砂轮更廉价，并且还有一个上面已经提到的优点，它们的化学成分使得其黏结硬度可以很容易地进行调整，从而可以适应特定的磨削任务。因此，对青铜结合剂氧化层的形成开展了基础研究。

不同结合剂的砂轮的氧化层表面形貌粒如图7-3所示。黏结材料和电解质的组合方式对氧化物层的生长特性和成分有很大的影响，进而会对磨削结果产生重大的影响。

 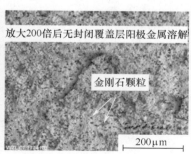

参数：
U=60V;
τ=0.5;
f=100kHz;
α=100°;
间隙宽度=0.5mm;
V_c=27m/s;
电解液：Cimiron CG-7:水 =1:50;
砂轮宽度：2mm

图7-3 电化学预修整后的砂轮表面（见文献[Klio9]）

在磨削过程中，氧化物层很容易被机械去除掉一部分，这样就减小了电阻，从而需要再次重新进行修整操作。精确掌握氧化层生成过程中的所有影响因素，就可以找到机械去除的最优参数，从而实现自调节过程动态平衡。如果仅仅溶解许多的黏结材料去除使用过的金刚石磨粒，实现理想的新磨料磨粒突起，则整个磨削过程中，砂轮将保持在一个最佳的锋利状态，从而将磨损降至最低，同时产生最佳的表面质量。氧化层的生长和机械去除的循环及其特征性的电流-电压曲线如图7-4所示。氧化物层的积聚受各种因素的影响，显然包括所施加的电压、电极和砂轮表面之间的间隙宽度以及由此产生的电流的影响[Klo08]。如图7-3所示，主要因素是黏结材料和电解液的成分。

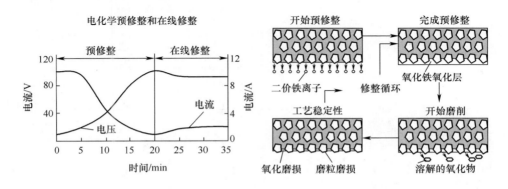

图7-4 采用电化学在线砂轮修整（ELID）方法的修整循环

因此，对特定的磨削任务有必要选择正确的组合方式。可以看出，对于不同的青铜结合剂，采用D3粒度（平均粒度为2～4μm）和D7粒度（平均粒度为5～10μm），光学表面质量Ra值可以达到10nm以下，它能够满足玻璃模具的表面粗糙度要求，如图7-5所示。

因为Si_3N_4是目前常用的模具材料中最难加工的，在测试中使用该工件材料使砂轮的磨损最大化，这样在加工过程中硬质合金的预期磨损就会减少。为了对砂轮的磨损进行优化修整，通过测量磨耗比G（定义为工件上移除的材料与砂轮去除的材料之比），对比了连续电化学修整与占空比为1∶4的修整方式。更多详细信息见文献[Kli09]。由于铜-苯结合剂无法形成一个封闭的氧化物层，黏结材料溶解太快，因此，没有对其进行进一步研究。

根据在图7-5中看到的结果，采用具有D7粒度的青铜结合剂（钴-苯）砂轮以及循环电化学在线修整方法加工了用于精密玻璃成型工艺中的球形硬质合金模具镶件。在图7-6中能够看到模具以及相应的测量曲线图。使用上述工艺参数，光学表面质量Ra值可达到约6nm。PV = 0.53μm，通过进一步优化电化学在线修整参数，还可以将该值降得更低[Klo10]。

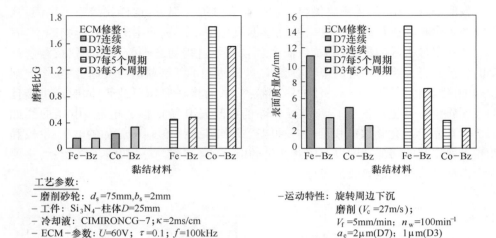

图 7-5 采用在线 ECM 修整法的磨耗比 G 和表面质量[Kli09]

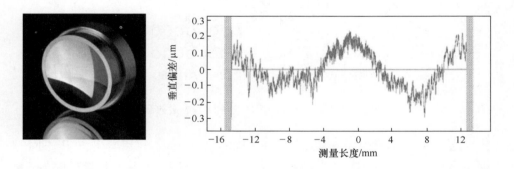

图 7-6 采用 ECM 修整法进行精密磨削加工的模具镶件

采用青铜结合剂金刚石砂轮的电化学在线修整方法可以减少精密玻璃成型所用的模具镶件的加工步骤。由于通过磨削就可以获得光学表面质量,因此,精密磨削后无需后续抛光过程。

7.3 复杂透镜阵列的工艺链

随着柱面透镜阵列微结构光学玻璃需求的增长,高性能激光二极管准直透镜在工业上的应用越来越广泛。如果这些透镜的质量(例如,高表面粗糙度)不满足要求,将导致激光器的输出功率降低。

采用基于电火花整形和修整的金刚石轮廓磨削方法与基于机床的轮廓研磨抛光技术是加工微结构模具的关键技术,也是复杂光学玻璃元件复制工艺流程的一部分,如图 7-7 所示。后续复制通过精密玻璃成型实现。采用白光干涉检测模具和玻璃透镜的表面质量,通过轮廓仪测量面形精度。

为了使微结构玻璃模具满足最终的质量要求,并避免在复制后对玻璃透镜本身进行单独的抛光,采用轮廓磨削工艺和轮廓研磨抛光工艺相结合的方式是非常适合的。与第一种工艺链相似,硬质合金和陶瓷由于性能良好且寿命长,也广泛用于刀具、模具镶件中。因此,高浓度超细晶粒的金属结合剂砂轮也用于此工艺链中,实现最佳的表面质量和轮廓一致性。修整操作的难点也是相似的。上述的电化学修整操作可以用于金属结合剂材料,但不实用,因为在这种情况下,所需的模具形状不是旋转对称的。通过使用电化学线切割可以修整砂轮并且在砂轮表面生成微结构,进而在轮廓磨削操作过程中将其转移到模具中。

图 7-7 复杂光学玻璃元件的复制工艺链

在图 7-8 中给出电火花整形和修整的原理。在导电金属结合剂和线电极之间进行放电能量较小的放电加工,二者通过一个填充了介电流体的间隙隔开。由于金刚石颗粒是不导电的,因此不参与主要工艺过程,黏结材料被修整后,产生所需的颗粒突起。砂轮以这种方式进行修整并且同时进行仿形。在图 7-9 中可以看到一个修整后的砂轮表面的磨粒突起。

根据编程的 NC 代码沿预定轮廓移动线电极,能够对材料进行热去除并对旋转砂轮轮廓进行整形。通过使用电火花线切割工艺,几乎可以在砂轮上灵活地实现用户定义的所有轮廓,见参考文献[Uhl08,Mas85]。EDM-修整和仿形与电化学在线修整方法不同,它是在磨削之前进行的,并且需要通过一个精确夹持装置将砂轮从常规线切割机到精密磨床精确重复定位,如图 7-8 所示。

与电化学去除原理不同,EDM 放电加热去除原理会损伤金刚石磨粒,虽然金刚石不导电。EDM 方法中的材料去除是通过火花放电并在材料表面上形成面积非常小的热源的等离子体通道来实现的。人们普遍认为,在一次放电期间等离子

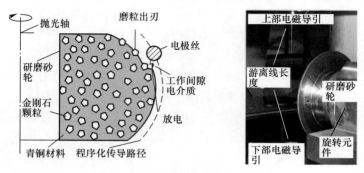

图 7-8 电火花整形和修整的原理

通道的温度上升到几千开以上[Klo07a]。在较高的温度下,可以观察到金刚石向石墨的转变。相变程度与时间有关,并随着给定温度的增加呈指数上升。即使热源不直接位于金刚石砂粒上,金刚石也会通过热传导而石墨化。放电持续时间在微秒级别,因此,出现的石墨化的可能性与放电的位置高度相关。

为了确定某个位置的放电概率,刀具(导线)电极和工件之间的电场可假设为一个平板电容内的电场。材料的不同介电常数特性会影响在该区域中得到的电场,并且最高电场和最小的介电强度的点还会发生放电。有限元仿真表明,假定磨粒突起良好,在金刚石顶端以及在使用油性介质的金刚石磨粒和黏结材料的连接点的电势最大。放电更容易出现在金刚石磨粒的附近,如果金刚石表面已出现石墨化导致的导电性,则放电位置可能出现在磨粒本身上。因此,虽然金刚石磨粒在加工之前不具有导电性,但是它们也会受到影响。

图 7-9 EDM 整形后的金刚石磨粒突起[Kli09]

通过调整 EDM 参数和不含太多修整切割工序的特殊策略(不带任何额外的偏移校正),这种效应可以被限制在磨粒的表面上。在这种情况下,在内部仍然有金刚石结构,并且仍然可以进行磨削加工。电火花整形和修整工艺可以实现非常高的轮廓精度。在特定轮廓的制备中,唯一需要考虑的是工作间隙,这是 EDM 加工过程中固有的。EDM 加工后,环形加工和侧面加工的偏差低于 $1\mu m$,也可参考文献[Kli09]。

在圆柱形槽的加工中,有必要进行轮廓磨削。采用电火花线切割方法修整了两个砂轮。在柱面透镜阵列的磨削过程中,测试了这些砂轮的性能。采用粗砂轮(平均粒径为 15~30μm)进行了粗磨。在接下来的精加工中,采用细砂轮(平均粒径为 5~10μm)。相应的精磨参数如图 7-10 所示。

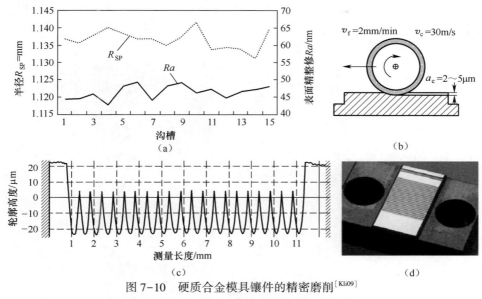

图 7-10 硬质合金模具镶件的精密磨削[Kli09]
(a)磨削结果;(b)磨削运动特性;(c)截面测量图;(d)磨削零件

为了评价磨削工艺,测量了面形精度和表面质量。因此,测定了球半径 R_{SP} 和模具镶件上的表面粗糙度 Ra 值。测量的半径 R_{SP} 为距每个球体中心±150μm 的最小二乘拟合半径。垂直于磨削方向测量了表面粗糙度。球半径 R_{SP} 位于所要求的 10μm 公差范围内。通过比较加工前后的石墨间隙槽,验证了精磨砂轮的轮廓稳定性,最小二乘法拟合后,半径几乎相等。

在此过程中,周向砂轮的微观截面轮廓被直接转到工件的微观几何形状中。由于晶粒尺寸和磨削运动特性的原因,没有达到光学级的表面质量。与第一工艺链中的连续表面相比,所有凹槽的表面粗糙度 Ra 值都在 38~44nm 的范围内,而在第一工艺链中,可以直接实现表面粗糙度低于 10nm 的更好的连续表面。因此,需要采取以下轮廓抛光工艺来将表面粗糙度 Ra 值减小到 10nm 以下。与传统的连续表面几何形状抛光相比,轮廓研磨抛光的主要挑战在于防止倒圆刃、避免抛光工具的非均匀磨损以及防止局部材料去除的差异[Sch07]。实验结果显示,与磨削前的表面相比,采用硬质合金的表面质量有了显著改善。

为了对微结构表面进行研磨抛光,改造了非球面抛光机,加入 3 个数控线性轴(X、Y、Z)、一个抛光主轴和一个工件主轴[Bri09],如图 7-11(a)所示。安装在垂直的

Z 轴上的抛光主轴可±90°倾斜,如图 7-11(b)所示。使用手动旋转台将用于抛光线性结构的工件对准进给方向。切削力可以通过一个放置在工件下方的力传感器进行测量。此外,抛光刀具可以用金刚石刀具进行原位修整,以确保跳动最小。采用一种集成变焦照相机系统将刀具制造和抛光过程可视化,并进行控制。凹槽上方的抛光刀具可以通过照相机系统控制进行调整,如图 7-11(c)所示。可以通过监测力的分量以及移动 X 轴、Y 轴和 Z 轴来控制抛光过程,以确保在工件表面上形成连续的抛光压力。

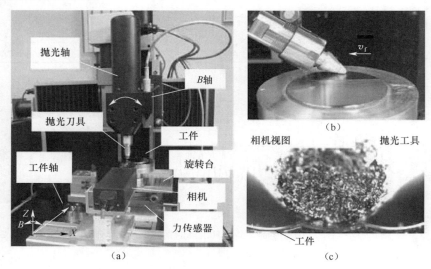

图 7-11　抛光柱面透镜阵列的实验设置[Bri09]

与传统的抛光工艺相比,结构化表面的抛光刀具与工件的接触面积小得多。刀具材料必须具有较高的形状强度,同时还需要足够柔软以便嵌入磨料,确保抛光效果[Sch08a]。通过在抛光机上采用原位金刚石车削,可以实现刀具形状的精确制备。所以,该材料还必须能够车削。我们研究了不同刀具材料的潜在特性。有机毡材料具有良好的抛光效果,但是形状强度很差,没有可加工性。采用浸渗方式将有机毡碳化,有可能实现刀尖金刚石车削。但是,该有机纤维结构的不均匀性和浸渍的低耐磨性限制了这种材料的应用。在抛光实验中选择了 POM(polyoxymethylen)和 PA6(聚酰胺)塑料,因为其强度高,具有较好的金刚石刀具可加工性。但 POM/PA6 仅有少许磨料位于硬塑料材料和工件表面之间的接触区域,所以其抛光效果非常差。所给出的实验中采用的是复合梨木,这种硬质木材具有良好的金刚石刀具可切削性,抛光效果良好,在抛光过程中耐磨性高。

采用一个平面前端销式抛光工具实现了柱面透镜阵列的模具镶件的轮廓抛光[Sch08b]。因为圆柱边缘接触面积所限(线性啮合),将平面前端倾斜,保证了圆柱凹槽中的恒速加工。通过调整抛光工具的圆柱销直径并将其倾斜,工件凹槽上形成椭圆形接触,确保了均匀的抛光压力。选取了以下抛光参数。

(1) 抛光工具:倾斜的圆柱销(倾角:57°),平面前端的材质是复合硬木(梨)。
(2) 金刚石悬浮液:油基(磨料尺寸:3μm)。
(3) 转速:$N=2500\mathrm{r/min}$ 的(相对速度:$v_r=4.103\mathrm{mm/min}$)。
(4) 抛光压力:$F=0.2\mathrm{N}$(抛光压强:$P=0.8\mathrm{N/mm^2}$)。
(5) 进给速度:$v_f=5\mathrm{mm/min}$。
(6) 加工循环:2(±进给方向)。

图 7-12 给出了详细的过程分析,呈现了一个单凹槽的模具镶件的质量。白光干涉测量仪的结果显示,表面质量从 $Sa\approx40\mathrm{nm}$ 提升至 $Sa<10\mathrm{nm}$[Klo07b]。采用轮廓仪完成了面形测定。这里可以看出,恒定面形偏差低于 $0.5\mu\mathrm{m}$。只有在凹槽尖端,刀具材料的最小变形才会导致抛光过程中由于压缩负荷导致出现倒圆刃。尖端半径为 $0.005\sim0.007\mathrm{mm}$。

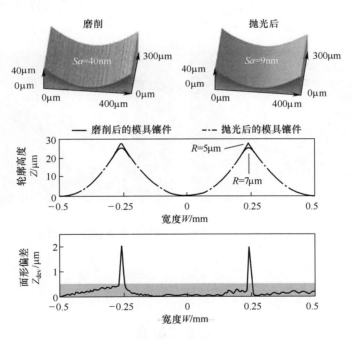

图 7-12　抛光前后的粗糙度和轮廓对比

金属结合剂细粒度金刚石砂轮可以有效地用于精细结构化模具镶件的高面形精度精密磨削成型。根据粒度和砂轮运动特性的不同,所得到的表面质量 Ra 值在 40nm 范围内。电火花线切割可以成功地用于砂轮整形和修整。通过轮廓研磨抛光可以将圆柱形凹槽的粗糙度提高到光学品质。因此,该抛光工艺可以用于光学模具制造,以提高结构化玻璃透镜的复制质量。

7.4 小　　结

本章提出两种工艺链,介绍了采用精密玻璃成型方法加工旋转对称和结构化表面时所用的硬质合金模具的新加工工艺。

结果表明,采用金刚石轮廓磨削与电化学过程修整相结合能够直接加工出达到光学表面质量的连续表面模具,且无需后续抛光,因此,缩短了工艺链,从而节省了时间,并降低了制造成本(图7-13(a))。

在第二种工艺链中,介绍了通过精密金刚石轮廓磨削和轮廓研磨抛光方法来加工具有柱面透镜阵列形状的模具镶件的过程。结果表明,将金刚石轮廓磨削与电火花线切割修整(Wire-EDM trueing and dressing)相结合的新型方法能够加工出面形轮廓一致性最高的透镜阵列。通过轮廓研磨抛光可以改善沟槽的粗糙度,使其达到光学级品质,而不引发临界面形偏差。因而,精密玻璃成型技术可以直接复制微结构光学玻璃,如图7-13(b)所示。

图7-13　精加工后达到光学品质的硬质合金玻璃模具镶件

总之,本章给出的两种工艺链是基于应用基础研究和开发进行设计和优化的,目前几乎可以应用于用户定义的任何几何形状。

参 考 文 献

[Bri09] Brinksmeier, E., Riemer, O., Schulte, H.: Mechanisches Polieren linearer und räumlich begrenzter Strukturen. Jahrbuch Schleifen, Honen, Läppenund Polieren, pp. 282-298. Vulkan Verlag, Essen (2009)

[Bri10] Brinksmeier, E., Mutlugünes, Y., Klocke, F., Aurich, J.C., Shore, P., Ohmori, H.: Ultra-precision grinding. Annals of CIRP 59(2), 652-671 (2010)

[Kli09] Klink, A.: Funkenerosives und elektrochemisches Abrichten feinkörniger Schleifwerkzeuge, Dissertation. RWTH Aachen (2009)

[Klo07a] Klocke, F., König, W.: Fertigungsverfahren 3. Abtragen, Generieren und Laser material bearbeitung, pp. 30-37. Springer, Berlin (2007)

[Klo07b] Klocke, F., Brinksmeier, E., Riemer, O., Klink, A., Schulte, H.: Manufacturing structured tool inserts for precision glass moulding with a combination of diamond grinding and abrasive profile polishing Industrial Diamond Review (4), 64-69 (2007)

[Klo08] Klocke, F., Klink, A., Henerichs, M.: ELID Dressing Behaviour of Fine Grained Bronze-Bonded Diamond Grinding Wheels. In: Proc. of the 1st Int. ELID Grinding Conference, Changsha, pp. 12-18 (2008)

[Klo10] Klocke, F., Schwade, M., Klink, A.: Precision Grinding with In-Process ECM-Dressing. In: Proc. of the 10th Euspen Int. Conf., vol. 2, pp. 339-342 (2010)

[Mas85] Masuzawa, T., Fujino, M., Kobayashi, I. I. S.: Wire Electro-discharge Grin-ding for Micro-Machining. Annals of CIRP 34(1), 431-434 (1985)

[Ohm90] Ohmori, H., Nakagawa, T.: Mirror Surface Grinding of Silicon Wafers with ELID. Annals of CIRP 39 (1), 329-332 (1990)

[Sch07] Schulte, H., Riemer, O., Brinksmeier, E.: Surface finishing of ground micro-structured glass molds. In: Proc. of the 7th Euspen Int. Conf., vol. 2, pp. 237-240 (2007)

[Sch08a] Schulte, H., Riemer, O., Gläbe, R., Brinksmeier, E.: Characterization of Pad Materials in Abrasive Profile Polishing. In: Proc. of the ASPE 23th Annual Meeting Portland, Oregon, USA, vol. 43, pp. 428-431 (2008)

[Sch08b] Schulte, H., Riemer, O., Brinksmeier, E.: FEM-based Prevention of Process-related Local Shape Deviation during Polishing of Micro Structures. In: Proc. of the 8th Euspen Int. Conf., vol. 2, pp. 7-10 (2008)

[Sha96] Shaw, M.: Principles of Abrasive Processing. Oxford Uni. Press (1996)

[Uhl08] Uhlmann, E., Piltz, S., Oberschmidt, D.: Machining of micro rotational parts by wire electrical discharge grinding. Prod. Eng. Res. Devel. 2, 227-233 (2008)

第 8 章

平滑和结构化模具的确定性抛光

Fritz Klocke, Christian Brecher, Ekkard Brinksmeier, Barbara Behrens,
Olaf Dambon, Oltmann Riemer, Heiko Schulte, Roland Tuecks,
Daniel Waechter, Christian Wenzel, Richard Zunke

  超精密光学元件的复制中要求模具的表面粗糙度超低、缺陷最少且面形精度高。为了满足这些要求,模具的抛光是必不可少的。与其他的应用领域相比,抛光模具既有较高的质量要求又涵盖了新的几何形状,如非球面腔或柱面透镜阵列的结构化表面。由于缺乏合适的抛光策略、抛光刀具和抛光机床,模具往往只能手动抛光。本章讨论了确定性抛光的主要因素,从材料去除机理的基础研究到工艺策略、抛光刀具开发以及创新型抛光刀具机床的设计。所研究的抛光对象的材料范围包括钢铁、先进陶瓷和硬质合金。抛光的几何形状为具有连续表面和结构化表面的光滑模具。本章所讨论的问题是围绕塑料和玻璃的光学元件复制过程中的需求展开的。

8.1 概 述

  成功复制塑料和玻璃光学元件的一个关键是模具镶件。因此,需要拥有一种高效的确定性自动化模具加工工艺。如果需要达到"低粗糙度、高表面完整性"的高质量表面,抛光是最常用的技术。在许多应用中,抛光能够确保样件的功能性。由于抛光工艺位于加工工序的末端,因此,从根本上决定了样件的质量。长期以来,在光学元件的常规磨削和抛光加工中,抛光工序已经得到成熟应用。但是在金属锻造或塑料注射成型领域,模具和模具镶件靠手工抛光已经多年。

  光学元件复制模具的制造中要求模具表面达到较高的光学加工精度并满足复杂的几何形状,这与模具和衬套加工存在交集。

  在跨区域科研合作重大专项项目 SFB/TR 4 "复杂光学元件的复制工艺链"中,有几个子项目致力于研究合适的抛光机床和自动化工艺流程以及对于模具镶件进行抛光的必要基本知识。图 8-1 中简要列出了一些重要影响因素,如面形精度、表面质量、亚表面状态和去除效率(即材料去除率),通过这些因素能够确定抛光

第8章 平滑和结构化模具的确定性抛光

结果。

了解抛光过程中材料去除的基本机理是抛光工艺系统化研发的关键,并且有助于解释抛光表面上的工艺不稳定性和出现缺陷的原因。8.2节将针对不同模具材料进行介绍。

在模具和制造领域,缺乏描述诸如"拉出"(pullout)这种缺陷的逻辑解释模型,而这些缺陷正是引起许多司法问题的原因。在下二节中将论证加工"无缺陷"高光泽度抛光模具钢表面的工艺策略,并给出一份缺陷表以及避免这些缺陷的建议。

下面的章节介绍了用于光滑自由曲面局部抛光的创新型抛光机床。我们设计了新的抛光工具,并且针对最终的表面纹理和面形精度通过仿真分析选择了最合适的抛光轨迹。

光学和医疗行业都需要各种带有局部型腔或凹槽的复杂几何形状的光学元件。作者最后介绍了一种用于结构化模具精加工的磨料抛光新工艺,该工艺仅通过振动运动即可实现[Bri09,Schu09,Bri10]。由于没有旋转刀具,因此可以加工新型几何形状的表面。

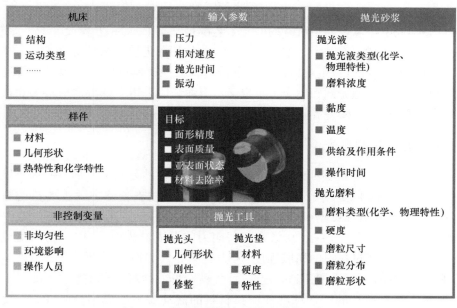

图 8-1 抛光效果的主要影响因素一览图

8.2 抛光的基本机理

在对抛光工艺中的化学和物理现象的研究中,存在4种关于抛光工艺中的材料去除机理的假说[Ham01,Eva03]。这些假说包括研磨去除假说、流动去除假说、化学去除假说和摩擦磨损假说。最近的研究工作主要集中在抛光系统之间的相互作用上[Xie96,Kom97,Luo04,Cha08],例如研磨颗粒、样件表面和抛光垫之间的相互作用。Evans 等人对加工中的双要素和三要素相互作用情况进行了广泛讨论[Eva03]。

在下面的讨论中,根据材料去除机理的不同将其分为两类来介绍其根本差异:一类是纯机械去除机理;另一类是化学机械去除机理。机械去除机理特指磨损和流动假说以及磨料磨损理论。Samuels 指出,研磨和抛光的区别仅在于划痕和切屑的大小不同,与去除机理无关[Agh70,Sam03]。由 Beilby、Tabor 和 Bowden 提出的流动假说中[Bei21,Bow50],假定材料表面发生位移,形成了改性的表面层。

化学机械去除机理结合了化学和机械效应来解释材料去除。例如,摩擦磨损理论或对晶圆加工中的化学机械平面抛光技术(CMP)的深入理解[Kom96,Jia01,Eva03]。

Preston 方程是抛光过程建模的基础[Pre27]。它指出,材料去除率 dz/dt 与所施加的压力 p 以及样品和抛光垫之间的相对速度 v_R 成正比:

$$\frac{dz}{dt} = K_P \cdot p \cdot v_R \tag{8-1}$$

许多抛光机床以及几乎所有的抛光工艺都是基于 Preston 方程设计的。此外,开发了更复杂的预测模型[Xie96,Luo04,Cha08,Wan08],尤其是在化学机械平面抛光中。

通过抛光系统的设计,可以影响特定的材料去除机制的形成。抛光系统通过样品材料、抛光液、抛光剂和抛光垫来定义。下面说明采用一种特定材料去除机理时,抛光模具钢、先进陶瓷和碳化钨的基本机制及其对表面和亚表面区域的影响。

8.2.1 模具钢的抛光

在跨区域合作研究项目 SFB/TR 4"复杂光学元件的复制工艺链"中,抛光模具钢的最佳结果是采用金刚石研磨浆实现的。假定该材料去除方式主要是磨料磨削,那么切屑形成机理可建模如下:研磨颗粒穿透工件表面,在表面留下划痕并嵌入抛光垫中[Dam05,Klo06a]。在压力、张力和剪向力的形成过程中,法向和切向负载均产生压力。一旦超过材料的屈服强度,应力就会导致塑性变形[Klo05]。磨粒在工件表面移动形成沟槽,当沟槽达到一定深度时,就会形成切屑。在文献[Klo08a]中可以找到单个磨料颗粒的穿透深度和所得材料的流动应力的详细分析计算。文献[Dam05,Klo06b]中讨论了在抛光模具钢时的其他化学因素。

为了总结去除机理和切屑形态,研究了淬火和未淬火的 CrMo 钢[Klo05,Dam05]。一个令人惊讶的结果是,淬火钢比未淬火的钢材料去除率(MRR)更高。实验结果还表明,淬火钢比未淬火钢的表面粗糙度更好[Klo05]。

根据 Zum Gahr 的研究,可以通过位移量与切削痕迹的体积之比来表征不同的切屑形成机理[Gah98]。在微耕犁中,仅发生材料位移。与此相反,在微切削中,去除的体积等于切割痕迹的体积。对材料去除率的研究结果与 Zum Gähr 的磨损理论一致。抛光未淬火韧钢时的塑化去除和材料位移量大于抛光淬火的脆硬钢时。发生微耕犁的比率较高,并且材料移除量较低。反之,由于淬火钢的位错密度高,没有出现明显的材料位移,但是因材料脆性导致材料的去除是瞬时发生的[Dam05,Klo05]。

TEM 分析表明,淬火钢具有马氏体结构,塑性变形较小。对于未淬火的钢而言,可以看到在靠近表面的边界层位错密度大,而且存在发生了强烈变形的晶粒(图 8-2)。在更深的区域中,没有观察到抛光工艺对晶格结构的影响,而淬火钢却观察不到位错量大的边界层[Dam05]。

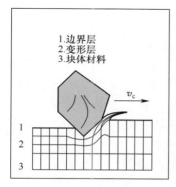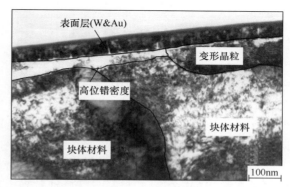

图 8-2 使用金刚石颗粒抛光后的未淬火钢的亚表面(TEM,右图)

8.2.2 先进陶瓷的抛光

碳化硅和氮化硅都是广为人知的、具有优良特性的材料。在特定的应用(如模具)中,需要对这些先进陶瓷进行抛光以确保表面粗糙度较低且无亚表面损伤。

为了阐明两种不同材料去除机理的影响,总结了对碳化硅(SiC)和氮化硅(HIPSN)进行抛光的研究结果[Klo07a,Klo09a]。采用了 3 种不同类型的研磨浆:水-乙二醇和金刚石混合液(合成金刚石,粒度 2~4μm),以及掺有氧化铈(Opaline 氧化铈由 Rhodia 提供)、氧化锆(CC10TM 氧化锆由 Saint-Gobain 提供)的两种水基研磨浆。在以机械为主的去除机理中,金刚石研磨浆的效果明显[Kom97,Eva03,Dam05,Klo09a]。氧化铈和氧化锆研磨浆的化学机械相互作用特征明显[Kom96,Klo07a]。由于它们与陶瓷相比硬度较低,因此可以排除纯磨损。

发生的材料去除机理影响材料去除率、表面质量和加工参数。图 8-3 中给出通过浆料的设计确定的材料去除率对材料和材料去除机理的依赖[Klo09a]。

显然,采用金刚石是抛光碳化硅的最佳选择。相反,水基氧化铈浆料是抛光氮化硅的有效选择。

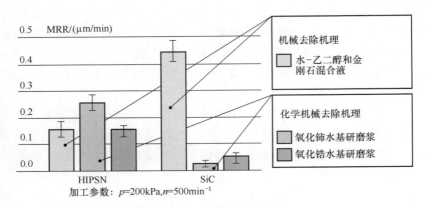

图 8-3 使用不同种抛光剂抛光硅基陶瓷的平均材料去除率

根据压力和相对速度对材料去除率的影响的统计分析,它们对所有材料去除机理的影响并不相同。在金刚石抛光中,当压力和相对速度都增大时,对材料去除率的影响是相似的,材料去除率与 Preston 方程相关。然而,如果采用氧化铈或氧化锆,则相对速度不能像所施加的压力一样明显影响材料去除率。因此,采取何种去除机理时要考虑到加工参数的选择[Klo09a]。

除了实验研究以外,通过扫描电子显微镜(SEM)、透射电子显微镜(TEM)和原子力显微镜(AFM)研究了材料去除机理对表面和亚表面区域的影响[Klo09a]。采用金刚石研磨后,两种陶瓷的亚表面都出现了高达 100nm 的位错层。在 HIPSN 中比 SiC 中更深。氮化硅的高韧性表明,在材料抛光过程中,微碎裂之前形成了大量的位错。相反,在碳化硅抛光中,因材料的脆性,导致微切屑和开裂成为材料去除的主要原因[Klo09a]。

按照 HIPSN 的化学机械抛光常规论断,氮化硅表面在氧化铈作为催化剂的催化下通过水解产生了磨损[Kom96,Jia01,Hah99]。接下来,采用氧化铈除去所形成的氧化物层。笔者的研究结果显示了这一假说的几项有效性指标,例如观察到 pH 和研磨浆中氨的测定量增加[Klo09b]。化学机械抛光后,透射电子显微镜分析表明,亚表层完全不存在任何位错,在 AFM 图像中表面似乎没有划痕[Klo09a]。

8.2.3 碳化钨的抛光

无黏结剂碳化钨是精密玻璃成型模具的常用材料。这就是为什么前述方法被推广应用到无黏结剂碳化钨上。所研究的碳化钨类型中黏结剂的比率在 0.30% 以下,质地超细,晶粒平均尺寸低于 200nm。由于这类材料的耐化学腐蚀性高,因此,研究重点在机械为主的材料去除机理上。

相对速度和所施加的压力对材料去除率的影响(图 8-4)表明,Preston 方程也可以用于描述碳化钨抛光时的材料去除情况。但是,在粗糙度参数方面,这两个参

第8章 平滑和结构化模具的确定性抛光

数都没有对表面质量产生明显影响。有效值(均方根)低于2nm,粗糙度PV值低于20nm(金刚石粒度2~4μm,聚氨酯抛光垫)。这一结果表明,无黏结剂碳化钨抛光时去除率高而且不会降低表面质量,这是抛光钢和先进陶瓷所没有的。

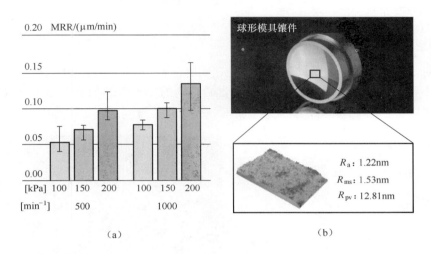

图8-4 所施加的压力和主轴旋转对材料去除率(a)和平均表面粗糙度(b)的影响

图8-4(b)给出球形模具镶件的基本状况,表明了在短时间内抛光出表面质量高的碳化钨的可行性。

8.3 模具和模具衬套加工行业的抛光工艺

在模具和模具衬套加工行业中,抛光主要靠手工完成。手工抛光模具的质量严重依赖于工人的技术和经验。为了减少这种依赖性,弗劳恩霍夫制造技术研究所(Fraunhofer IPT)的主要研究目标包括抛光过程的自动化,以减小工人80%的单调的手工作业。但自动化之前,对抛光过程和影响参数的充分理解是必不可少的。

一个比较重要的方面是要找到用于描述缺陷外观的逻辑解释模型,这个模型将用于最终的塑料元件所需表面的质量检验标准,也是抛光机、钢材制造商、模具制造商和终端用户之间的许多司法问题的参考依据。

在名为SFB/TR 4-T3的技术转让项目中,开发了加工无缺陷、高光泽模具钢表面的工艺策略,目的在于获得稳健的策略,避免疵病,或在出现表面疵病时提供相关处理意见。

8.3.1 抛光策略和影响参数

为了全面了解抛光过程,对不同的模具钢进行了大量实验,以便科学地分析抛

光表面的影响参数。在项目过程中,对以下相关参数进行了检验:

(1) 钢的成分和结构。
(2) 加工过程。
(3) 抛光轨迹。
(4) 清洗方法。
(5) 抛光系统。

对不同化学成分的模具钢进行了抛光实验,结果表明,锰、钼、钒等合金元素的微小差异不会影响抛光结果。然而,在含微结构的模具钢的加工方面的差异清楚地表明,碳化物和非金属夹杂质的数量对抛光结果质量起着决定性作用。

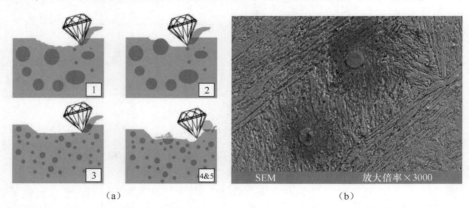

图 8-5　金刚石颗粒与钢表面的相互作用(a),以及与非金属杂质的相互作用(b)[Dam05]

在此背景下,"拉出"(pull-out)可能是最引人注意的缺陷,因为它们在注塑零件上表现为突起点,因此必须被禁止。顾名思义,当碳化物或非金属杂质从钢基体之上析出时,就会出现"拉出"缺陷。可以想象,金刚石颗粒和含有碳化物的钢基体之间的相互作用有 4 种不同的方式(图 8-5(a)):

(1) 采用金刚石磨粒研磨模具钢的典型机械磨损示意图(不含碳化物颗粒)。
(2) 金刚石颗粒撞击较大的碳化物颗粒,因钢基体的包围,该碳化物颗粒停留在表面。
(3) 钢基体中弥散着比金刚石晶粒小的次级碳化物,这样的去除并不会影响表面质量。
(4) 与金刚石晶粒尺寸相当甚至更大的碳化物不易从钢基体中移除,但会被切成片状/或被金刚石晶粒拉出。

出现"拉出"的另一个原因是非金属杂质(NMI),例如,出现线状或球状杂质氧化物和/或硫化物颗粒。非金属杂质(如碳化物)会脱离出来并留下小孔或者停留在钢基体中,但是在某些情况下,会出现只有非金属杂质(NMI)周围较软的材料被

第 8 章 平滑和结构化模具的确定性抛光

除去的情形,留下一个"填充孔",其缺点是水可以进入,导致实际杂质周围出现腐蚀(见图8-5(b))。

8.3.2 缺陷表

作为迈向统一抛光词汇表的第一步,在欧洲标准 EN ISO 8785[Eni99]的基础上,弗劳恩霍夫 IPT 与瑞典哈尔姆斯塔德大学合作创建了一份缺陷表[Reb09]。

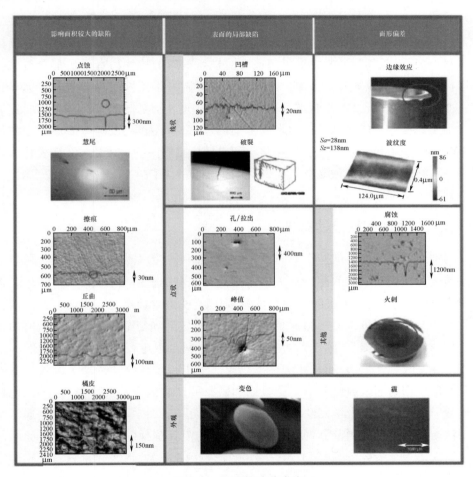

图 8-6 表面缺陷分类表

根据此表与各种相应的实验,创建了各种已测试过模具钢的抛光策略,并且已经呈现在 SFB/TR 4 项目主页上。

在这些结果的基础上,弗劳恩霍夫 IPT 进一步研究的目标是开发自动化、集成机器人抛光系统,以补偿人工抛光的缺点,并为手动抛光师单调的工作提供支持。

我们的目标是使抛光工艺的80%达到自动化,这样一来,就只有20%的工作仍需要手动完成。这一目标已经通过一个带有力控集成抛光主轴的机器人单元中的自由曲面零件得到验证[Klo10]。

8.4 自由曲面的计算机控制抛光

复制技术(如塑料的注射成型或玻璃的压纹)在这种复杂光学元件的高性价比、高质量的批量生产方面具有巨大潜力。这一复杂工艺中的关键元件是模具镶件本身。但是,对复制工艺缺乏了解或者对模压材料的特性仿真不足都会造成模具镶件加工困难,成本急剧增加。因为缺乏对复制光学元件的收缩和内应力导致相关变形的计算,所以需要对模具镶件进行测试并且反复修改。模具面形校正的优化加工需要在几微米到几十纳米的范围内进行材料去除,以确保面形偏差的最大PV值低于100nm。通常,会使用化学和机械稳定性高的金属甚至是陶瓷作为模具镶件材料。要求表面粗糙度低于2nm。常规的路径控制加工(如铣削或车削)无法达到这个精度级别。

8.4.1 驻留时间受控的抛光

与常规的铣削或磨削操作不同,局部抛光是一种驻留时间受控工艺。材料的去除是通过在表面工作的抛光头进给速率进行控制的。需要去除的材料越多,进给速率设置得越慢;需要去除的材料越少,则抛光头进给速率也会提高。该方法将工件的精度从应用机床刀具的精度转向了工艺稳定性和精密的跟踪抛光策略的预先计算。在上述前提下,用于光学模具加工的材料可以进行亚微米范围内的面形补偿。在实际抛光之前,通过算法在离线模式下进行预计算。待加工的模具镶件的几何形状作为输入数据。由于受收缩和需要补偿的内应力的影响,这种几何形状通常与最终的复制光学元件不同,需要进行校正。此外,零件的形状测量通常采用干涉测量或接触式测量,以此来确定待校正的模具镶件的局部误差图。此时则需要输入第三个参数,即抛光工具去除函数影响因素函数,用来表示材料去除轮廓与可调工艺参数(如压力和相对速度)之间的关系。在上述3个输入变量的基础上,对去除函数和误差分布进行优化分割,生成超精密抛光策略。对于这种具有预先计算的驻留时间图的加工方法的功能来说,最重要的是有一个稳定的、可重复的和确定性可调的去除函数。为了保证对抛光去除函数的控制,需要对抛光过程本身特别是摩擦-机械相互作用有全面的了解。除此之外,还需要一台加工系统,即使在复杂面形上也能够提供恒定的工艺参数并对其进行控制。

8.4.2 加工系统——自适应抛光头

弗劳恩霍夫制造技术研究所(IPT)已经研发出一种用于局部抛光的、基于并行运动结构的、新型适应性抛光头。该加工系统能够为抛光刀具提供所有相关运动形式,工件不必单独驱动。通过专门设计的双V形并行运动结构设置,可以实现偏心运动、进给角度以及工艺相关的离心率的动态调整。由于工件旋转或直线运动具有独立性,工艺条件是理想稳定的,在复杂的自由曲面元件上也是如此。在文献[Wec04,Bre05]中可以找到机械设置及其控制系统更详细的说明。图8-7中给出了用于研究工艺参数的加工平台的最终设计。

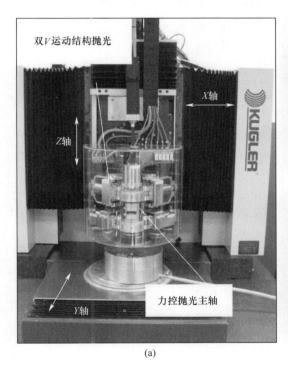

(a)

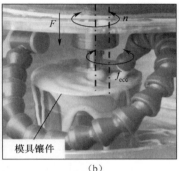

(b)

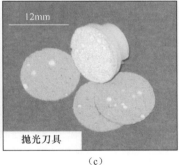

(c)

图 8-7 (a)用于研究区域抛光工艺的设置,(b)抛光工具和工艺动态的近视图,(c)聚氨酯箔抛光垫

整个机床系统由一个三轴基座机床和一个附加的五自由度自适应抛光头组成。可调参数范围见表 8-1。

表 8-1 抛光头的参数范围

抛光力 F/N	0.5~20
增力	0.2

续表

偏心频率 f_{ecc}/Hz	1~10
偏心半径 r_{ecc}/mm	0.2~4
主轴转数 $\tilde{n}$/min⁻¹	500~5000

8.4.3 区域抛光工艺开发

许多决定工艺条件和抛光结果的抛光策略被用于有关去除函数的科学实验。假定有 Preston 方程(式(8-1)),MRR 应从旋转刀具中心开始呈线性增长。图 8-8(a) 显示了在对原规定值进行理论换算的基础上,通过调整工艺参数压力 p 和相对速度 v_R 得到的累积特征 W 曲线。

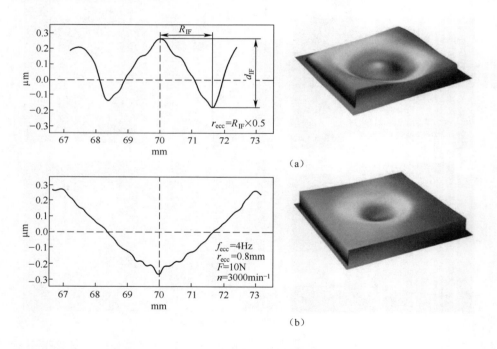

图 8-8 确定偏心半径为实现去除函数所需高斯分布(b)的主要参数——基于氮化硅(Si_3N_4)样品的工艺开发

然而,材料的最大去除量却不是在外径上,而是在抛光工具半径的 1/2~2/3 处,从而形成了去除函数。进一步靠近去除函数的边界,去除深度稳步下降。这个简单的实验可以得出一个事实:不均匀的压力分布或抛光头与样品之间间隙中的相对速度会影响几何形状。

局部抛光去除函数可以通过深度 d_{IF} 和半径 R_{IF} 表征,在此情况下,半径可确定为 1.6mm。对模具钢抛光的初步研究表明,该尺寸可用于设置抛光工具运动的偏心率,以实现去除函数的高斯分布[Bre05,Klo08b]。进一步研究发现,R_{IF} 和偏心半径 r_{ecc} 之比大约为 1:2。通过使用该值以及一个偏心频率 f_{ecc} 为 4Hz 的实验确定值,可以实现驻留时间算法所需的高斯分布,如图 8-8(b)所示。通过在一个专门开发的 Matlab 程序中导入一个面形轮廓仪(Form TalySurf)的二维图形,可以计算出合适的材料去除体积 V_{IF},(抛光 240s 后)平均值达到 0.005mm^3。

采用自适应抛光头,基于抛光机床深入研究了局部应用的抛光过程中去除函数的影响因素。就机床参数来说,偏心频率只对轮廓的形成产生了较小的影响。但是,偏心半径、所施加的法向力和相对速度确实对能够决定加工效率的去除函数的形成过程有显著影响。这种工艺的开发对塑料注射成型或玻璃模压复制中高精密模具的面形校正至关重要。

8.5 结构化模具的抛光

光学和医疗行业都需要各种几何形状复杂、为几毫米的大小多功能光学元件[Eva99]。因此,用钢或碳化物制成的模具镶件必须通过抛光才能用于玻璃和塑料透镜的复制[Klo07b]。抛光这些复杂元件模具中局部型腔或凹槽时,旋转抛光垫的应用非常有限[Bri07]。自动化抛光工艺还没有实现,所以目前只能用手工抛光工艺,耗时且昂贵。因此,开发了一种能够抛光这些几何形状复杂的模具并达到光学级别质量的研磨抛光工艺。抛光垫和工件表面之间的接触区域内所需的相对速度完全通过振动实现,这种运动方式优于振动辅助旋转抛光。由于没有抛光垫的旋转,因此为加工新的几何面形提供了可能性。

8.5.1 抛光机床

振动抛光装置由两台音圈制动器供电,如图 8-9 所示。这两台制动器使两轴上的频率高达 $F=150$Hz,振幅高达 $250\mu m$,并应用到了普通机床上[Bri10]。

在设计过程中,考虑了大范围的适用加工频率和振幅,以便实现灵活的多功能系统。在抛光垫一侧,采用弹簧复位和可变刚度实现开环控制,因为这一理念可实现最大振动频率。在工件一侧,利用位置传感器实现闭环控制。

8.5.2 振动抛光材料去除的表征

在材料去除的表征过程中,抛光表面区域(材料去除函数——"印记")分为多个截面。轮廓测量仪的探头以连续的速度、可调的法向力沿着这些轮廓运动。连续记录探头的高度位置,通过这些信息就可以创建每个轮廓截面的表面轮廓。通

图 8-9　振动抛光测试设置：工件侧和抛光垫侧的音圈制动器[Bri10]

过单个轮廓之间的插值，可得到测量区域的三维形状。通过该程序确定的数据初步实现了材料去除量的计算。图 8-10 给出了基于单个轮廓截面分析材料去除的方法[Bri10]。低于基准高度 h_{ref} 的工件材料用斜线表示。剩余的区域表示 h_{ref} 上方和下方的空隙量。距离 l_{tot} 是测量轮廓的总长度。长度 l_{ref} 表示测量段，其上没有出现任何材料去除。为了计算材料的去除量，确定了参考长度的平均空隙量 $V_{void,ref}/l_{ref}$ 和总距离的平均空隙量 $V_{void,tot}/l_{tot}$ 之差，再乘以总距离 l_{tot}。

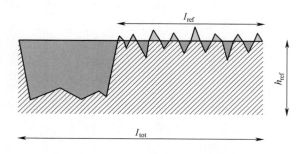

图 8-10　材料去除表征中的参数定义

单个轮廓的材料去除量计算如下：

$$\text{PMR}(轮廓材料去除量) = \left(\frac{V_{void,tot}}{l_{tot}} - \frac{V_{void,ref}}{l_{ref}} \right) \cdot l_{tot} \quad (8-2)$$

如果将此方法应用到整个测量区域中，材料去除的计算方法如下：

$$\text{PMR(区域材料去除量)} = \left(\frac{V_{\text{void,tot}}}{A_{\text{tot}}} - \frac{V_{\text{void,ref}}}{A_{\text{ref}}}\right) \cdot A_{\text{tot}} \qquad (8-3)$$

基于与材料去除的线性依赖关系，表征了工艺参数压力 p、抛光时间 t 和相对速度 v_r[Scu09]，可以根据 Preston 方程(式(8-1))预估。

为了验证线性材料去除特性，对参数进行 3 个等级的变化。抛光系统包括一个合成的毡垫以及含有大小为 $1\mu m$ 的金刚石磨料的油基抛光浆。通过在每个等级上重复 4 次的实验表明，该系统具有良好的适用性和低方差。

图 8-11(a) 给出了材料去除量 dz 随抛光时间 t 的线性增加。稳定性指数 R^2 = 98.6% 表示测量值与线性平滑函数的拟合。误差条表明，重复的平均值的置信区域为 66.7%。抛光时间的影响符合 Preston 方程，变量 V_r、K_P、p 保持不变。

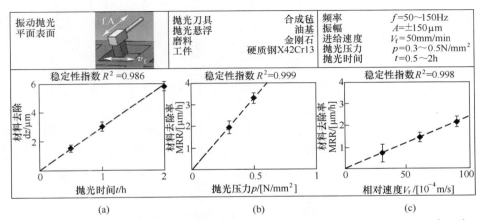

图 8-11 Preston 方程的验证：抛光压力、相对速度和抛光时间对材料去除的影响[Schu09]

在两个等级上分析了抛光压力，每个等级重复 4 次。由于振动抛光头的功率有限，压力 $P>0.5N/mm^2$ 是不现实的。压力 $P<0.3N/mm^2$ 会导致材料去除率非常低，因此看不出去除量。图 8-11(b) 给出了在所覆盖的压力范围内的抛光压力的非线性特性，也证实了 Preston 方程。

通过一个振动周期(1/频率)的总距离 s 和时间 t 计算了抛光垫和工件之间的平均相对速度。在一个振荡周期内，抛光垫覆盖面积 $S=4A$(A 为振幅)。因此，相对速度的值计算如下：

$$V_r = \frac{ds}{dt} = \frac{4 \cdot A}{f^{-1}} = 4 \cdot A \cdot f \qquad (8-4)$$

为了改变相对速度，振荡幅度和频率都可以改变。研究分析了不同振荡频率(f=50Hz、100Hz 和 150Hz)下材料去除率的变化。

从图 8-11(c) 可以明显看出，频率(以及相对速度)和材料去除率之间存在线性关系。因此，在分析的参数范围内，可以采用 Preston 方程对振动抛光进行分析。

图8-12给出通过振动抛光达到成光学级品质的抛光矩形槽。

图8-12 具有振动抛光矩形槽的参考工件[Bri09]

8.6 小　　结

本章首先对常用模具材料抛光过程中的材料去除机理进行了基本的讨论。一方面，讨论了使用金刚石磨料时机械去除机理对表面和亚表面的影响；另一方面，提出了用于一种抛光氮化硅的无损化学机械去除机理。基于第8.1节的科学性论述，在第8.2节中对模具钢的抛光进行了实验验证。通过解释缺陷表和完善的工艺策略的开发，朝着对抛光步骤的共识迈出了第一步，最终目标是实现国际标准化。

利用弗劳恩霍夫IPT研究所开发的自适应抛光头，通过一台机床深入研究了局部抛光刀具的去除函数的影响因素。通过与工艺开发相结合，利用该机床进行高精密模具的面形校正，从而使模具加工工艺中反复过程更少，并且模压光学元件的精度更高。

最后，为了抛光复杂形状的光学模具镶件，提出一种新型抛光工艺，无须常规的抛光垫旋转运动，因此，可以更灵活地应用在有限维的光功能结构表面。

致　　谢

本研究属于德国跨区域科研合作重大专项项目SFB/TR 4"复杂光学元件的复制工艺链"的一部分工作，作者感谢德国研究基金会为本研究提供资金支持。

参 考 文 献

[Agh70] Aghan, R. L., Samuels, R. L.: Mechanisms of Abrasive Polishing. Wear 16, 293-301 (1970)
[Bre06] Brecher, C., Wenzel, C.: Kinematic Influences on the Formation of the Footprint During Local Polishing

of Steel. WGP Annals XIII(1), 23-26 (2006)

[Bri07] Brinksmeier, E., Riemer, O., Schulte, H.: Kinematiken zum Polieren von Mikrostrukturen. Wt Werkstattstechnik Online 97, 431-436 (2007)

[Bri09] Brinksmeier, E., Riemer, O., Schulte, H.: Mechanisches Polieren linearer und räumlich begrenzter Strukturen. Jahrbuch Schleifen, Honen, Läppen und Polieren: Verfahren und Maschinen, pp. 282-298. Vulkan Verlag, Essen (2009)

[Bri10] Brinksmeier, E., Riemer, O., Schulte, H.: Material removal mechanisms inabrasive vibration polishing of complex molds. In: Advanced Optical Manufacturing Technologies, Proceedings of 5th International Symposium onAdvanced Optical Manufacturing and Testing Technologies, AOMATT 2010. SPIE, vol. 7655-02 (2010), doi:10.1117/12.864553

[Bei21] Beilby, G.: Aggregation and Flow of Solids. McMillan and Co. Ltd., London(1921)

[Bow50] Bowden, F. P., Tabor, D.: The Friction and Lubrication of Solids. ClarendonPress, Oxford (1950)

[Cha08] Chandra, A., Karra, P., Bastawros, A. F., Biswas, R., Sherman, P. J., Armini, S., Lucca, D. A.: Prediction of scratch generation in chemical mechanical planarization. Annals of the CIRP 57(1), 559-562 (2008)

[Dam05] Dambon, O.: Das Polieren von Stahl für den Werkzeug- und Formenbau, PhDthesis, Shaker, Aachen (2005)

[Eni99] Deutsches Institut für Normung e. V., DIN EN ISO 8785: Geometrische Produkt spezifikationen (GPS) - Oberflächenunvollkommenheiten (Oktober1999)

[Eva99] Evans, C. J., Bryan, J. B.: "Structured", "Textured" or "Engineered" Surfaces. CIRP Annals - Manufacturing Technology 48-2, 541-555 (1999)

[Eva03] Evans, C., Paul, E., Dornfeld, D., Lucca, D., Byrne, G., Tricard, M., Klocke, F., Dambon, O., Mullany, B.: Material Removal Mechanisms in Lapping and Polishing. Annals of the CIRP 52(2), 611-634 (2003)

[Gah98] Zum Gahr, K.-H.: Wear by hard particles. Tribology 31(10), 587-596 (1998)

[Hah99] Hah, S. R., Burk, C. B., Fischer, T. E.: Surface Quality of Tribochemically Polished Silicon Nitride. J. Electrochem. Soc. 146(4), 1505-1509 (1999)

[Ham01] Hambücker, S.: Technologie der Politur sphärischer Optiken mit Hilfe der Synchrospeed-Kinematik, PhD-Thesis, University of Technology Aachen(2001)

[Jia01] Jiang, M., Komanduri, R.: Chemical Mechanical Polishing (CMP) in Magnetic Float Polishing (MFP) of Advanced Ceramic (Silicon Nitride) and Glass(Silicon Dioxide). Key Engineering Materials 202-203, 1-14 (2001)

[Klo05] Klocke, F., Dambon, O., Capudi Filho, G. G.: Influence of the polishing processon the near-surface zone of hardened and unhardened steel. Wear 258(11-12), 1794-1803 (2005)

[Klo06a] Dambon, O., Demmer, A., Peters, J.: Surface Interactions in Steel Polishing forthe Precision Tool Making. CIRP Annals - Manufacturing Technology 55(1), 609-612 (2006)

[Klo06b] Klocke, F., Dambon, O., Schneider, U.: Removal Mechanisms in the Mechanochemical Polishing of Steel Using Synchro-Speed Kinematics. In: Production Engineering, WGP (2008)

[Klo07a] Klocke, F., Zunke, R., Dambon, O.: Wirkmechanismen beim Polieren vonKeramik. Wt Werkstattstechnik Online 97(6), 437-442 (2007)

[Klo07b] Klocke, F., Brinksmeier, E., Riemer, O., Klink, A., Schulte, H., Sarikaya, H.: Manufacturing structured tool inserts for precision glass moulding with acombination of diamond grinding and abrasive pol-

[Klo08a] Klocke, F., Dambon, O., Zunke, R.: Modeling of contact behavior between polishing pad and workpiece surface. In: Production Engineering, WGP (2008)

[Klo08b] Klocke, F., Brecher, C., Zunke, R., Tuecks, R.: Finishing Complex Surfaceswith Zonal Polishing Tools. In: 41st CIRP Conference on Manufacturing Systems and Technologies for the New Frontier, Tokyo, Japan, May 26-28, pp. 445-448 (2008)

[Klo09a] Klocke, F., Zunke, R.: Removal mechanisms in polishing of silicon based advanced ceramics. Annals of CIRP 58, 491-494 (2009)

[Klo09b] Klocke, F., Schneider, U., Waechter, D., Zunke, R.: Computer-based monitoring of the polishing processes using LabView. Journal of Material Processing, 6039-6047 (2009)

[Klo10] Klocke, F., Brecher, C., Zunke, R., Tücks, R., Zymla, C., Driemeyer Wilbert, A.: Hochglänzende Freiformflächen aus Stahlwerkzeugen. Wt Werkstattstechnik Online, Jahrgang 100, Heft 6, 480-486 (2010)

[Kom96] Komanduri, R., Umehara, N., Raghunandan, M.: On the Possibility of Chemo-Mechanical Action in Magnetic Float Polishing of Silicon Nitride. J. of Tribology 118(4), 721-727 (1996)

[Kom97] Komanduri, R., Lucca, D. A., Tani, Y.: Technological Advances in Fine Abrasive Processes. Annals of the CIRP 46(2), 545-596 (1997)

[Luo04] Luo, J., Dornfeld, D.: Integrated Modeling of Chemical Mechanical Planarization for Sub-Micron IC Fabrication. Springer, London (2004)

[Pre27] Preston, F. W.: The Theory and Design of Plate Glass Polishing Machines. Journal of the Soc. of Glass Technology 11, 214-256 (1927)

[Reb09] Rebeggiani, S.: Polishability of Tool Steels - Characterisation of High Gloss Polished Tool Steels. Department of Materials and Manufacturing Technology, Chalmers University of Technology, Göteborg (2009)

[Sam03] Samuels, L. E.: Metallographic Polishing by Mechanical Methods. ASM International (2003)

[Scu09] Schulte, H., Riemer, O., Brinksmeier, E.: Finishing complex mold inserts by abrasive vibration polishing. Technical Digest of the SPIE Optifab, TD 06-18, Rochester, New York, USA (2009)

[Wan08] Wang, Y., Zhao, Y., Jiang, J., Li, X., Bai, J.: Modeling effect of chemical-mechanical synergy on material removal at molecular scale in chemical mechanical polishing. Wear 265(5-6), 721-728 (2008)

[Wec04] Weck, M., Wenzel, C.: Adaptable 5-axes Polishing Machine-head. Production Engineering 11(1), 95-98 (2004)

[Xie96] Xie, Y., Bhushan, B.: Effects of particle size, polishing pad and contactpressure in free abrasive polishing. Wear 200(1), 281-295 (1996)

第9章

复杂光学玻璃元件的复制工艺链

Fritz Klocke, Olaf Dambon, Allen Y. Yi, Fei Wang, Martin Hünten,
Kyriakos Georgiadis, Daniel Hollstegge, Julia Dukwen

精密玻璃模压成型逐渐成为快速批量生产复杂光学玻璃元件的一种有前景的技术。它是一种复制工艺，批量生产会很经济实惠。玻璃模压工艺可以从光学元件设计和玻璃模压过程的数字仿真建模开始按照工艺链进行完整的说明。模具的制造采用超精密磨削方法。由于模具需要承受较高的机械负荷和热负荷，因此，为了延长模具寿命，需要给镶件镀制化学膜层。后续模压步骤中的参数（如温度或压力）取决于玻璃的类型和光学元件的尺寸。工艺链的最后一个步骤是使用精密测量方法测量光学元件的光学特性，从而完成其质量评定。

9.1 概 述

在全球范围内，对复杂面形高精度光学元件的需求正在迅速增长。这些元件一般用在常规应用中，例如手机的相机镜头模块、汽车的光学系统或信息技术中的光存储介质。

光学元件的传统加工方法是先磨削，后抛光。用这种方法大批量加工复杂面形的元件（如非球面透镜、自由曲面透镜或透镜阵列）并不经济。由于最后的抛光步骤耗资非常大，因此只用来加工少量超高品质的元件。玻璃作为一种光学材料，与光学塑料相比有许多优点。玻璃不仅透明度较高，而且不易腐蚀，强度也更高。玻璃的另一个优点是能够达到更高的功率密度，这是高能激光器和大功率照明应用中所必需的。此外，玻璃的折射率范围比光学塑料更大。市场上有多种不同的玻璃可供选择，因其组成成分不同，光学性质各具特色。

精密成型技术是一种快速经济地批量生产复杂光学元件的成熟技术。玻璃预制件和成型工具被加热到成型温度，然后压制成所需的形状。这样，仅通过一个步骤无须进一步抛光就可以生产出具有双功能表面的高精度光学元件。通过磨削和抛光生产模具比较昂贵，而精密玻璃模压成型是一种复制工艺，整个工艺链仅需要经过极少批次加工后就可以变得经济实惠。通过使用多型腔模具,还可以一次性成型多个光学元件,从而提高了工艺效率。

图9-1给出了完整的玻璃复制工艺链。第一步为光学元件设计和模压过程仿真。由于玻璃与模具的热特性不同,冷却过程中玻璃会收缩,因此,模压后,该透镜与理想面形会存在不可忽略的偏差。通过有限元仿真,可以计算出玻璃的收缩量以及成型后光学特性(如折射率)的变化,制造模具时需要将这一点考虑在内。模具的面形精度和粗糙度要求很高,因为任何形式的偏差都将被转移到光学元件中。为了延长模具寿命,需要在模具上镀制防止磨损的保护膜,从而提高模具的耐用度。压制过程中的参数(如温度或压力)取决于玻璃的类型和光学元件的尺寸。模压过程完成之后,可以通过使用精密测量设备测量透镜的光学特性来控制透镜的质量。

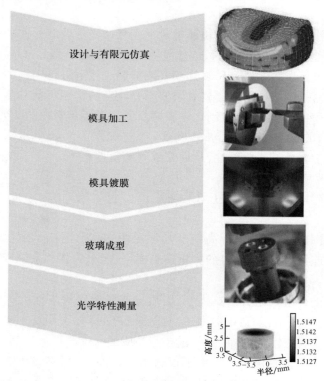

图9-1 玻璃元件的复制工艺链

9.2 设计和有限元仿真

9.2.1 仿真目标

在精密成型过程中,玻璃原料首先被加热到高于其转变温度以上的某一温度

(例如,B270,玻璃化转变温度 T_g 为 533℃,成型温度为 625℃),随后压制成透镜形状,然后控制其与模具镶件一起冷却。在压制和冷却过程中,许多因素(如热膨胀和应力松弛)都会影响成型工艺,从而导致最终的几何形状出现偏差,折射率发生变化。因此,应当根据透镜的初始设计,在模具设计中加入微量的校正,以补偿模具表面的面形偏差,这样模压透镜的几何形状和光学规格都能满足要求。在传统上,通过既昂贵又耗时的"试错"模压来确定校正的补偿量。近年来,采用数值建模辅助模具制作(图 9-2),在实际加工模具之前预测这些误差。

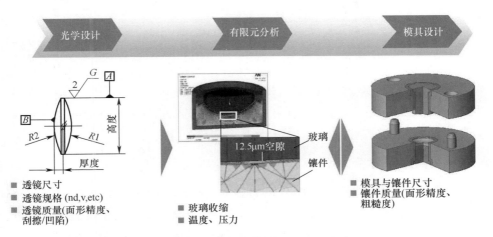

图 9-2 模压玻璃光学元件的有限元辅助仿真设计

9.2.2 热模型建模和结构建模

精密玻璃模压的过程仿真是基于有限元方法开发的,包括通过一个热模型预测实际温度分布以及一个结构模型来预测模压玻璃透镜的黏弹性变形和热收缩。

热模型中考虑了典型玻璃模压工艺中发生的所有 3 种传热机制(传导、对流和辐射),从而确定在整个模压过程中玻璃和模具内部的温度分布和变化情况。温度分布决定了玻璃材料的黏弹性材料特性。

对于典型的黏弹性材料,如玻璃在模压温度下,施加恒定载荷会导致材料变形,包括瞬时变形(弹性效应)和随着时间推移的连续变形(黏性效应)。黏弹性特性会造成所施加的载荷衰减,这一衰减称为应力松弛,应力松弛决定了玻璃的变形特性。为了描述黏弹性特性,可以用下式中常用的 Maxwell 模型来表示玻璃在转变温度下的应力松弛[Dam09,Jai05,Jai06]:

$$G(t) = 2G \sum_{i=1}^{n} w_i \exp(-t/\tau_i) \tag{9-1}$$

式中:$G(t)$ 为应力松弛模型;w_i 为加权因子;τ_i 为特定温度下相应的松弛时间。

9.2.3 折射率变化建模

精密模压成型后,光学玻璃的折射率变化主要是由于玻璃中的结构松弛造成的。过去已经采用 TNM 模型研究了在不同的加热和冷却速率下材料折射率下降的情况[End99]。同时,冷却过程中玻璃内部不均匀的温度分布会引起结构变形,从而导致冷却后折射率发生变化。根据 Su 等人之前的研究,模压玻璃内部的折射率变化也将在精密玻璃元件中带来巨大的波前偏差[Nar71]。这种折射率变化可以通过著名的 Lorentz-Lorenz 方程建模[Rit55]:

$$\frac{n^2-1}{n^2+2} = \frac{4\pi}{3}\frac{N_A \rho}{M}\alpha \qquad (9-2)$$

式中:M 为摩尔质量;N_A 为阿伏伽德罗常数;ρ 为密度;α 为平均极化率。利用该等式,可以通过计算密度变化来确定模压玻璃透镜的折射率分布。对精密成像光学器件来说,预测模压过程中折射率的变化尤为必要,这样才能在光学设计阶段对这种变化进行补偿。

9.2.4 模具设计与制造

采用有限元软件(如 ANSYS、ABAQUS 或 MSC MARC)完成过程仿真后,将计算得到的玻璃透镜收缩后的形状和所需的形状相比较,根据透镜表面形状和直径的不同,最大偏差约为几微米到 $100\mu m$。为了进行高效的补偿,形状偏差的仿真结果将与折射率下降的补偿值相结合,然后拟合到标准的非球面方程中。偏差量以补偿值的形式直接反映在模具表面上。基于这一补偿,将在精密磨床上(如东芝 ULG-100D SH3)生产合金和陶瓷模具镶件,这样,模压玻璃透镜无须任何抛光步骤就可直接满足规格要求。

9.3 模具制造

根据玻璃的类型及其化学成分的不同,光学玻璃的模压温度在 350~800℃。虽然可以使用镀镍的模具材料来模压所谓的低 Tg 玻璃,但大多数光学玻璃都使用陶瓷模具。为了保证最高的精度和较长的模具使用寿命,陶瓷最适于用作模具材料。陶瓷的硬度、化学稳定性、热稳定性和低热膨胀系数使其成为玻璃模压工艺中的成型模具材料。另外,陶瓷的这些特性也使其难以加工。

在过去,模具一般是由碳化硅和其他陶瓷制成的,而如今,无结合剂的细颗粒碳化钨是首选材料。与传统的硬质金属相比,这些特殊等级的金属中只包含极少量的镍或钴,它们用作金属结合剂。其密度大($15.57g/cm^3$),硬度高(2825 HV10),并且可以根据玻璃模具材料需求进行适当的调整以便于加工,图 9-3 给出

第9章 复杂光学玻璃元件的复制工艺链

了用于精密玻璃模压的硬质合金模具。

由于碳化钨硬度高,因此只能通过磨削和抛光加工[Mei09,Bri07,Bri09]。此时,通常用金刚石作为磨料。

图9-3 用于精密玻璃模压的硬质合金模具

正如Bifano[Bif88]、Grimme[Gri07]以及其他人[Liu03,Liu01]所述,由于精密玻璃模压中模具的面形精度和光学表面粗糙度要求高,因此必须采用延性加工才能实现该要求。在延性加工中,选择合适的加工参数,使材料发生塑性变形。因此,避免了表面裂纹,从而获得了非常光滑且具有光泽的光学表面粗糙度。延性加工工艺的特点是切削深度和进给速度非常小,而且切削刃是圆刃,而不是利刃。此外,硬脆材料实现延性加工需要满足切削厚度小于临界切屑厚度这一条件,该厚度取决于材料的力学性能。除了上述的工艺参数以外,加工时的压应力和切削区的高温对延性加工也有积极影响。

为了制造模具,采用了超精密磨削工艺[Bri10,Che03]。因此,需要采用具有高精度导轨和空气轴承主轴的超精密机床。在碳化钨材料的加工中,采用树脂黏结砂轮。通常,金刚石磨粒的粒径为 $3\sim5\mu m$,其体积分数通常较高,所以大量的切削刃可以参与加工,进而保证了较小的切屑厚度。因此,碳化钨表面可以达到粗糙度 Ra 小于10nm的镜面粗糙度。

由于砂轮不断磨损,在模具制造过程中通常需要几轮迭代才能达到最终的面形精度。通常情况下,先对模具进行粗磨,然后测量加工后的模具面形。基于这些测量数据和机床设置的特点,可以确定砂轮与工件之间的误差。在最后的步骤中,采用测量数据来生成补偿刀具路径,用于对模具进行补偿加工[Luo97,Che10,Mei10]。因此,可以实现高达150nm(PV)的面形精度和小于100nm的不规则度。

精磨后,模具的表面已经达到了光学粗糙度,但模具上仍有一些磨削工艺特性所造成的磨削纹路。这些规则的纹路结构会影响光学元件的质量。为了将其消除,需要进行后续抛光。由于大部分模具都非常小或比较陡峭,因此,还没有能够加工模具的自动抛光工艺,因此,大多数模具都是手工抛光的。

基于目前的技术水平,可以加工大量不同尺寸的模具几何形状,包括带有球面和非球面形状的旋转对称模具、球面或非球面圆柱形模具以及加工诸如非旋转对称元件和阵列等的自由曲面模具。

9.4 用于玻璃模压的膜层

在实践中成功应用精密玻璃成型技术的一个关键是采用适当的膜层保护模具的光学表面[Ma08]。制造用于光学应用的超高面形精度的模具在技术上非常困难,也非常昂贵。因此,能够在模压过程中承受较高的机械、热和化学应力的保护膜层是必不可少的。

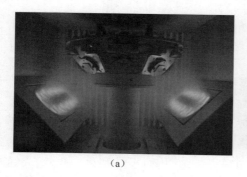
(a)

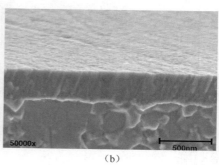
(b)

图 9-4　镀膜工艺(a)铂铱合金膜层(b)

模压模具有两种主要的失效情况需要通过膜层来解决。

第一种是玻璃在模具表面发生黏附。模具和玻璃由于高温和长时间接触,有时玻璃会粘到模具表面上,这种现象是在玻璃和模具表面之间发生化学扩散的结果。这种相互作用会因为多个压制周期中玻璃、膜层与基底之间在临近表面处的扩散而加快。因此,需要优选与玻璃发生化学反应尽可能少的膜层,如贵金属膜层[Fis10]。铂铱合金已成功得到应用[Pat87],见图 9-4。此外,还要优选不含易扩散元素的模具基底,如无结合剂碳化钨。由于不同玻璃的化学成分会千差万别,因此对于特定玻璃类型,应当采用实验优化遴选最合适的膜层。

第二种失效情况是模具表面质量的下降(粗糙度、裂纹、划痕等的增加)。为了防止这种缺陷,所采用的膜层应该足够硬,以防止在模压加工过程中出现刮擦,并且需要有一定的弹性,以满足机械和热循环负载。

对于沉积合适的保护膜层,有很多技术可以使用。然而,所选择的膜层镀制技术应该具有以下几个必要的特征:

(1) 在冷却过程中,由于热膨胀系数的不同,玻璃和模具的收缩速率通常存在差异。膜层对基底的黏附力应高于膜层对玻璃的黏附力,以避免在这种情况下膜层出现分层。影响黏附的参数是镀膜之前基底的清洁度、表面活化方法以及膜层沉积参数[Mat10]。

(2) 膜层不应增加表面粗糙度。这取决于沉积工艺、参数以及膜层厚度,可参考文献[Mat10]。

(3) 膜层应尽可能无缺陷。特别是应尽量将原位膜层缺陷(液滴、团簇、针孔等)降到最低,以满足光学需求。

(4) 模具表面的膜层厚度应该均匀。生产面形精度低至150nm(PV值或峰谷值)的成型模需要付出大量的努力,而几百纳米的膜层厚度变化就会使这些努力白费。在镀膜时可以采用较低的膜层厚度(远低于$1\mu m$)和合适的基底旋转方式来避免这个问题。

使用上述特性作为选择标准,最适合的镀膜技术是溅射镀膜。这种物理气相沉积(PVD)工艺能够加工出膜层厚度变化小、平滑、无缺陷的膜层,并且该技术能镀制不同种类的膜层,对模具基底形状无要求[Mat10]。

9.5 玻璃成型

在过去几十年中,已经开发了几种用于玻璃产品的热成型技术。其中最精确的技术称为精密玻璃成型或精密压制,最初是在亚洲和美国几乎同时开发的[Yi07,Klo04]。

有时,该过程可描述为"等温模压"过程。这是指在整个模压过程中,成型模具和玻璃具有相同的温度。在某些情况下,模压系统本身处于从室温到700℃的热循环中,因此,这也不是严格等温的。精密玻璃成型工艺需要的材料是具有抛光表面质量的预制件或滴料形成的预制件。一般来说,最终模压产品的表面质量不会优于预制件或模具的表面质量。玻璃预制件可以直接由熔体滴料形成,也可以将玻璃切割、磨削和抛光成球形、盘形或球面透镜。在模压型腔中,将成型模具及位于模具中的预制件通过红外辐射加热到模压温度。首先将模压腔抽真空,然后用氮气吹扫以防止模具表面发生氧化。模压温度在转换点和软化点之间的范围内选择,这样,玻璃的黏度处于$1010 \sim 107 dPa \cdot s$之间。达到模压温度后,加入均质相,使模具和玻璃内部的温度分布均匀。玻璃不会吸收很多红外光,主要是通过接触区域的热传导或通过氮气流的对流来加热。然后,将玻璃在上下模具之间进行模压。模压循环主要是结合玻璃黏度进行压力控制,应变速率为每分钟几毫米。为了达到理想的透镜中心厚度,使用几种终止条件。由于温度控制非常精确,可以使用限定的模压时间来实现限定的应变结果。或者,可以采用位置控制方法,定义模压结束位置。在模压过程中,当模具以形成封闭腔体的方式啮合时,中心厚度在很大程度上就由预制件的体积来限定。

在加压阶段之后,模具通过氮气流冷却。在模具上施加一个保持力并且通过热传递来冷却玻璃。保持力可以补偿玻璃处于黏弹性状态时的收缩,并且能够抑制其接近弹性状态时由于内部应力导致的变形。冷却阶段分为两个步骤:第一步是缓慢的受控冷却;第二步是玻璃冷却至转变温度后的快速冷却。模压过程一般在约200℃时结束,打开模压腔,将模压后的玻璃元件从模具中取出并放入新的预制件。根据产品的尺寸和几何形状,总周期时间为15~25min。为了提高产量,可以在同一个模压过程中使用多组模具。这一特殊玻璃成型技术的优点是能够使用多种类型的光学玻璃来模压横向对准精度为 $5\mu m$ 和角度对准精度为50as 的双面元件。

9.6 光学性能的测量

结构松弛是指玻璃材料特性(如体积、密度和焓)对温度变化的非线性时间依赖性响应[Sch86]。结构响应取决于受热历程、当前温度和温度变化的方向。光学玻璃的折射率等光学特性在成型后会由于玻璃的结构松弛而发生变化[Su10]。这就要求在制造中采用适当的工艺条件使折射率变化最小化,避免其带来的影响。图9-5给出了三维(3D)测量光学设置[Zha09]。

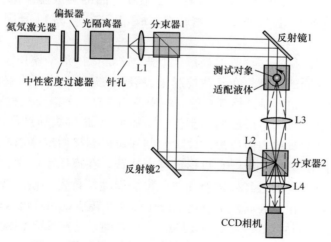

图9-5 折射率分布情况的三维测量光学设置[Zha09]

这里显示的是基于计算机断层扫描的三维测量结果,这是一种广泛使用的非破坏性方法,根据围绕单个旋转轴拍摄的一系列二维投影生成物体内部的特定属性的三维图像。在文献[Zha09]中可以找到在玻璃成型研究中使用计算机断层成像的详细情况。使用这种装置可以精确测量低至 10^{-4} 的折射率变化。

图 9-6 给出了模压后的 BK-7 玻璃透镜的三维折射率分布图。该透镜的冷却速率为 $-39.22℃/min$。三维计算机断层扫描结果显示,经热处理后,玻璃的折射率分布不再均匀。折射率变化可达 $2×10^{-3}$。

作为对比,将另一块 BK-7 玻璃样品以 $-10.17℃/min$ 的冷却速率进行冷却,采用 3D 计算机断层扫描重建其折射率分布,如图 9-7 所示,其中含有未处理的玻璃坯料的折射率变化曲线。在 $-10.17℃/min$ 的冷却速率下,折射率变化约为 $1.3×10^{-4}$,比较高冷却速率($-39.22℃/min$)下的变化程度小,但仍高于坯料的折射率变化。该图中的虚线表明,模压后玻璃透镜中的折射率变化取决于冷却速率和透镜的几何形状。

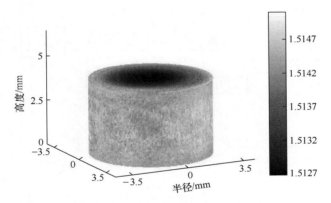

图 9-6 模压后的 BK-7 玻璃透镜的三维折射率分布图[Zha09]

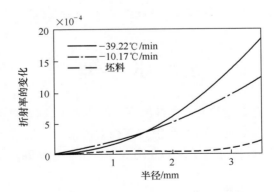

图 9-7 模压后的玻璃透镜在不同冷却速率下的折射率变化[Zha09]

在玻璃成型工艺设计中,光学性能变化对工艺补偿至关重要。图 9-8 的工艺流程图给出了如何利用折射率变化信息。具体来说,采用有限元(FEM)辅助数值仿真方法来计算折射率变化[Su10],然后将该信息与光学透镜设计相结合,从而修正光学透镜几何形状,补偿由于冷却过程引起的折射率变化。这种方法能够替代昂贵的"试错"方法,从而实现低成本、高精度光学透镜的批量化加工。同样,在冷却过程中,其他光学特性(如应力导致的双折射和色散)也发生了不同程度的变化,因此,在制造过程中也可以使用类似方法进行测量和潜在补偿。

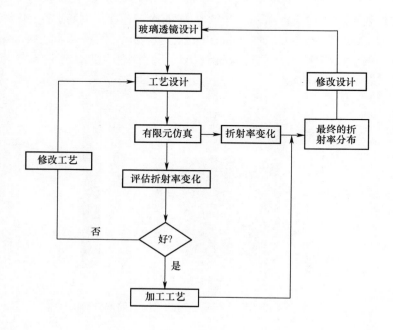

图 9-8　有限元辅助玻璃成型工艺的优化流程图[Su10]

9.7　小　　结

在对高精度、低成本光学玻璃元件的需求的驱动下,精密玻璃成型技术在精密光学玻璃元件的中、大批量快速生产中具有很大的潜力。通过复杂光学玻璃元件的复制工艺链对工艺过程进行了全面介绍。每一个工艺步骤对最终结果都有至关重要的影响。

致　　谢

本研究属于德国跨区域科研合作重大专项项目 SFB/TR 4"复杂光学元件的复制工艺链"的一部分工作,作者感谢德国研究基金会为本研究提供资金支持。

参 考 文 献

[Bif88] Bifano, T. G.: Ductile regime grinding of brittle materials. PhD Thesis, North Carolina State University (1988)

[Bri07] Brinksmeier, E., Riemer, O., Schulte, H.: Kinematiken zum Polieren von Mikrostrukturen. Werkstattstechnik Online 97(6), 431-436 (2007)

[Bri09] Brinksmeier, E., Riemer, O., Schulte, H.: Mechanisches Polieren linearer und räumlich begrenzter Strukturen. In: Jahrbuch Schleifen, Honen, Läppen und Polieren. Ausgabe, vol. 64, pp. 280-296. Vulkan Verlag, Essen (2009)

[Bri10] Brinksmeier, E., Mutlugünes, Y., Klocke, F., Aurich, J. C., Shore, P., Ohmori, H.: Ultra-precision grinding. CIRP Annals-Manufacturing Technology, 652-671(2010)

[Che03] Chen, W. K., Huang, H.: Ultra precision grinding of spherical convex surfaces on combination brittle materials using resin and metal bond cup wheels. Journal of Materials Processing Technology, 217-223 (2003)

[Che10] Chen, F. J., Yin, S. H., Huang, H., Ohmori, H., Wang, Y., Fan, Y. F., Zhu, Y. J.: Profile error compensation in ultra-precision grinding of aspheric surfaces with on-machine measurement. International Journal of Machine Tools and Manufacture, 480-486 (2010)

[Dam09] Dambon, O., Wang, F., Chen, Y., Yi, A. Y., Klocke, F., Pongs, G.: Efficient Mold Manufacturing for Precision Glass Molding. Journal of Vacuum Science& Technology B 27(3), 1445-1449 (2009)

[End99] Endrys, J.: Measurement of radiative and effective thermal conductivity of glass. In: Proceedings of the 5th ESG Conference A5, pp. 10-17 (1999)

[Fis10] Fischbach, K. D., Georgiadis, K., Wang, F., Dambon, O., Klocke, F., Chen, Y., Yi, A. Y.: Investigation of the effects of process parameters on the glass-to-mold sticking force during precision glass molding. Surface and Coatings Technology 205, 312-319 (2010)

[Gri07] Grimme, D., Rickens, K., Zhao, Q., Heinzel, C.: Dressing of Coarse-Grained Diamond Wheels for Ductile Machining of Brittle Materials. In: Towards Synthesis of Micro-/Nano-Systems, pp. 305-307 (2007)

[Jai05] Jain, A., Yi, A. Y.: Numerical modeling of viscoelastic stress relaxation during glass lens forming process. Journal of the American Ceramic Society 88(3), 530-535 (2005)

[Jai06] Jain, A., Yi, A. Y., Xie, X., Sooryakumar, R.: Finite Element Modeling of Stress Relaxation in Glass Lens Molding Using Measured, Temperature-Dependent Elastic Modulus and Viscosity Data of Glass. Modelling Simulation in Material Science and Engineering 14(3), 465-477 (2006)

[Klo04] Klocke, F., Pongs, G., Heselhaus, M.: Komplexe Optiken aus der Presse. Photonik, 70-72 (2004)

[Liu01] Liu, K., Li, X. P.: Ductile cutting of tungsten carbide. Journal of Materials Processing Technology 113, 348-354 (2001)

[Liu03] Liu, K., Li, X. P., Rahman, M., Liu, X. D.: CBN tool wear in ductile cutting of tungsten carbide. Wear 255, 1344-1351 (2003)

[Luo97] Luo, S. Y., Liao, Y. S., Chou, C. C., Chen, J. P.: Analysis of the wear of a resin-bonded diamond wheel In the grinding of tungsten carbide. Journal of Materials Processing Technology, 289-296 (1997)

[Ma08] Ma, K. J., Chien, H. H., Chuan, W. H., Chao, C. L., Hwang, K. C.: Design of Protective Coatings for Glass Lens Molding. Key Engineering Materials 366, 655-661 (2008)

[Mat10] Mattox, D. M.: Handbook of physical vapor deposition (PVD) processing, 2nd edn. William Andrew (2010)

[Mei09] Meiners, K., Rickens, K., Riemer, O., Brinksmeier, E.: Ultraprecision grinding of tungsten carbide moulds for hot pressing glasses. In: Proceedings of the Euspen International Conference, vol. I, pp. 146–149 (2009)

[Mei10] Meiners, K., Rickens, K., Riemer, O., Brinksmeier, E.: Investigation on resulting form errors of precision ground optical moulds with respect to tool path compensation. In: Proceedings of the Euspen International Conference 2010, vol. II, pp. 144–147 (2010)

[Nar71] Narayanaswamy, O. S.: A model of structural relaxation in glass. Journal of the American Ceramic Society 54, 491–498 (1971)

[Pat87] Patent US4685948: Mold for press-molding glass optical elements and a molding method using the same. Matsushita Electric Industrial Co. Ltd. (1987)

[Rit55] Ritland, H. N.: Relation between refractive index and density of a glass at a constant temperature. Journal of the American Ceramic Society 38, 86–88 (1955)

[Sch86] Scherer, G. W.: Relaxation in Glass and Composites. John Wiley & Sons, Inc., New York (1986)

[Su10] Su, L. J.: Experimental and Numerical Analysis of Thermal Forming Processes for Precision Optics. PhD Thesis, The Ohio State University (2010)

[Yi07] Yi, A. Y.: Optical Fabrication. The Optics Encyclopedia (2007)

[Zha09] Zhao, W., Chen, Y., Shen, L. G., Yi, A. Y.: Investigation of refractive index distribution in precision compression glass molding by use of 3D tomography. Measurement Science and Technology 20, 055109 (2009)

第10章

新型硬质膜层的沉积、制备和测量

Gert Goch, Don Lucca, Andreas Mehner, Helmut Prekel,
Heinz-Rolf Stock, Hans-Werner Zoch

用于精密玻璃模压的光学模具通常会通过镀膜提高耐磨性和抗氧化性,并减少玻璃压制过程中热玻璃对模具表面的黏附现象。目前,利用 PVD(Ti、Al)N、CrN、ZrN 和 PtIr 涂层作为这些模具的保护膜层。开发并测试了新型纳米微晶 PVD Ti-Ni-N 和 Ti-Cu-N 膜层和薄溶胶-凝胶 ZrO_2 膜层,它们可以作为玻璃压制模具的新型保护膜层。因为钢材无法直接用金刚石刀具加工,所以,塑料透镜注射成型的光学模具通常镀有一层较厚的可采用金刚石加工的化学镀镍膜层。这些镍膜层存在一些缺点,如残余孔隙率高、硬度和耐高温性差。因此,开发并测试了基于溶胶-凝胶的厚硅基膜层作为化学镀镍膜层的替代方案。

10.1 概 述

10.1.1 精密玻璃模压模具的保护膜层

通过对适当尺寸的抛光玻璃球或玻璃盘进行精密玻璃模压,可以复制用于光学应用领域的玻璃透镜。根据玻璃类型的不同,精密玻璃模压的最高温度可达800℃,最大压力可达 6kN。一个零件磨削周期大约需要 10min。

因此,模具材料上的机械、化学和热应力非常高。只有少数材料,如硬质陶瓷(特别是氮化硅)或硬质合金碳化钨(WC/CO)在玻璃压制过程中能够承受这些恶劣的条件。由于接触时间长,高温玻璃和模具之间经常发生粘连。众所周知,又薄又硬的 PVD 膜层,如 TiN、TiAlN、CrN、ZrN 或 PtIr 可以减少玻璃和模具材料之间的粘连。这些膜层还能够提高模具的抗氧化性[Rie05]。本章针对上述情况开发了新型PVD Ti-Cu-N 和 Ti-Ni-N 涂层以及薄的溶胶-凝胶 ZrO_2 涂层,并对其进行了表征和测试,作为精密玻璃压制模具的替代保护层。

10.1.2 用于塑料注射成型的金刚石可加工膜层

为了通过注射成型方法生产大量塑料光学元件,将温度高达 250℃ 的熔融塑料(特别是 PMMA)注入到压力高达 1400bar(1bar=0.1MPa)的光学模具腔体中。通常,模具腔体是由诸如 $X_{40}Cr_{13}$(AISI 420、WKN 1.2083)之类的硬化不锈钢制成的。预加工的钢模上经常涂覆厚的化学镀镍膜层。可使用金刚石刀具对镍涂层进行高精度加工以制造复杂的非球面或微结构面形。一般来说,化学镀镍膜层的机械和化学特性完全可以用于塑料的注射成型,但不适用于精密玻璃模压。化学镀镍膜层具有包括残余孔隙率高、硬度和耐高温性有限、导热性高等缺点,对注射成型工艺具有一定的负面影响。因此,本节对将厚溶胶-凝胶硅基复合膜层作为注塑成型的新型金刚石可加工膜层进行了研究和测试。

10.1.3 膜层的性能要求

精密玻璃模压和注塑成型对涂层的机械、物理和化学特性的要求是不同的,在某些情况下甚至是相反的。玻璃模压模具的保护膜层厚度应小于 $1\mu m$,因为较厚的膜层会改变模具的最终形状和表面粗糙度。但是,用于注射成型的金刚石可加工的膜层厚度至少应为 $30\mu m$,以确保利用金刚石刀具进行高精度加工时有足够的厚度。此外,两种膜层对硬度的要求也是不同的。精密玻璃模压保护膜层的硬度应具有高于 7GPa(约 700 HV1)的压痕硬度 H_{IT},以确保高耐磨性。金刚石可加工膜层硬度应小于 7GPa,确保既有良好的机械加工性,又不会对金刚石刀具造成磨料磨损。表 10-1 总结了用于玻璃模压的保护膜层和用于塑料注射成型的可金刚石加工的膜层需要具备的膜层性能。

表 10-1 对精密玻璃模压和注射成型膜层的机械、物理和化学特性要求以及所研究的 PVD 和溶胶-凝胶膜层的种类

应用	精密玻璃模压	注射成型
膜层类型	保护膜层	金刚石可加工膜层
厚度/μm	<1	>30
压痕硬度/GPa	>7	<7
硬度(HV1)	>700	<700
硬度(HRC)	>60	<60
抗高温氧化性/℃	>800	>600
金刚石可切削性	—	是
对衬底的黏附(洛克威尔级[DIN39])	1	1 或 2
对玻璃或塑料的附着力	低	低
微结构(形态)	非晶或纳米晶	非晶或纳米晶
孔隙率(体积分数%)	<1	<1
热传导系数		低
所研究的 PVD 膜层	Ti-Cu-N;Ti-N-N	Ti-Cu-N;Ti-Ni-N
所研究的溶胶-凝胶膜层	ZrO_2	$SiO_xC_yH_z;SiNa_uO_xC_yH_z$

10.2 PVD 膜层的沉积和表征

10.2.1 磁控溅射工艺

在合作研究中心研究的物理气相沉积(PVD)膜层是使用商用磁控溅射仪(Fa. Cemecon, CC800/9)通过反应磁控溅射进行沉积的,如图 10-1 所示。

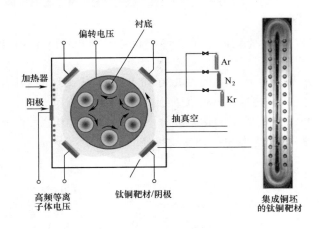

图 10-1 采用具有集成铜或镍坯料的钛靶的 PVD 磁控溅射器的实验设置

使用具有集成铜或镍坯料的钛靶沉积了新型纳米晶 Ti-Cu-N 和 Ti-Ni-N 膜层。该研究的目的是沉积和表征厚度至少为 $30\mu m$ 的 Ti-Ni-N 和 Ti-Cu-N 膜层,以便通过研磨和抛光对这些膜层进行精密加工和结构化。

采用硬度为 53HRC 的淬硬抛光不锈钢圆盘(AISI 420, $X_{40}Cr_{13}$)作为膜层实验的衬底。将磁控管室抽真空至残余压力为 5mPa。以 200mL/min 的速度加入氩气,衬底的偏置电压为-650V,用于溅射清洗和活化不锈钢表面。镀膜过程开始时,先将钛靶前面的 4kW 脉冲等离子体点燃并将衬底的偏置电压降低到-60V。在 10~20s 之后,在衬底上沉积几纳米厚的 Ti-Ni 层,从而提高后续的氮化物层的附着力。以 10~50mL/min 的速度向大气中添加氮气后,通过反应性溅射沉积 Ti-Ni-N 氮化层。通过脉冲偏置电压周期性地中断沉积过程,可以实现膜层的微晶和均匀生长。如图 10-2 所示,直流偏置电压会导致柱状膜层形态,脉冲偏置电压会导致微晶甚至纳米晶膜层形态。偏置电压的脉冲也可防止形成如小丘的不均匀性形态。

10.2.2 PVD Ti-Ni-N 膜层的结果

图 10-3 显示了沉积在不锈钢圆盘(AISI 420、$X_{40}Cr_{13}$)上的 PVD Ti-Ni-N 膜层

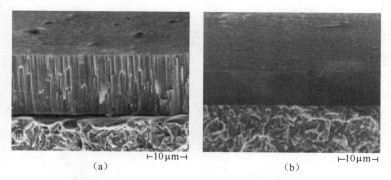

图 10-2 采用直流偏置电压(a)和脉冲偏置电压(b)沉积的 PVD TiN_x 膜层形态

的化学成分的三元图。使用具有 10、20、30 和 40 个集成镍坯的不同钛靶来控制膜层的镍含量。通过在 10~50mL/min 变换氮气流量来控制氮含量。采用辉光放电发光光谱仪(GDOES)测定膜层的化学成分。测量了具有 10、20、30 和 40 个镍坯的钛靶沉积膜层的镍含量,约为 8%、18%、23% 和 32%。

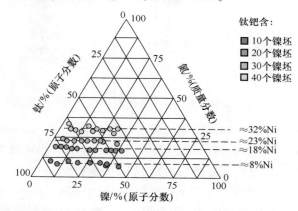

图 10-3　(见彩图)采用辉光放电发光光谱仪(GDOES)测量的 Ti-Ni-N 膜层的化学成分的三元图。膜层采用具有 10、20、30 和 40 个镍坯的不同钛靶进行沉积

使用具有维氏金刚石压头且最大压力为 20mN 的商用微型压头(Fisherscope 100)通过微压痕测量膜层硬度。几乎所有膜层的硬度 HU_{plast} 都随着氮含量的增加而增加,如图 10-4 所示。测量了镍含量为 18% 且 N/Ti 比为 0.9 的 Ti-Ni-N 膜层,最大硬度 HU_{plast} 为 22GPa。对于化学计量的 TiN 膜层,其 HU_{plast} 约为 27GPa,表明添加镍并不会像在 Ti-Cu-N 中所观察到的那样提升硬度[He01,Myu03]。

Ti-Ni-N 膜层的微观结构显示出从低 N/Ti 比的非晶状态向 N/Ti 比高于 0.5 的柱状微结构的转变。Ti-Ni-N 膜层的详细结果先前已发表[Ben04,Gri04]。

图 10-5(a)给出的是 PVD Ti-Ni-N 镀膜模具,通过注射成型成功完成复制

500个PMMA圆盘的测试。通过FE-SEM(场发射扫描电子显微镜)测得的膜层的表面形貌如图10-5(b)和(c)所示,在复制后没有改变。图10-5(b)和(c)中的视觉差异是由于表面的电荷不同造成的。

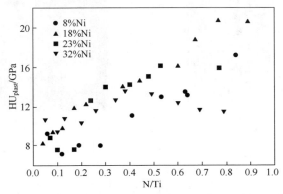

图10-4 镍含量为8%、18%、23%和32%的膜层的实测压痕硬度 HU_{plast} 与原子 N/Ti 比率之间的关系

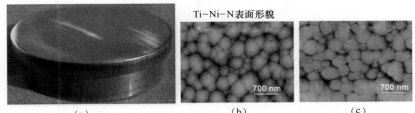

图10-5 用于注射成型的PVD Ti-Ni-N膜层模具(a);在复制500个PMMA圆盘之前(b)和复制之后(c)通过FE-SEM(场发射扫描电子显微镜)测得的表面形貌
(a)模具;(b)复制前;(c)复制后。

10.3 溶胶-凝胶膜层

10.3.1 溶胶-凝胶膜层工艺

溶胶-凝胶膜层工艺基于含有分散在有机溶剂中的金属有机聚合物的液体溶胶基础上[Bri90],通过浸涂法或旋涂法将二氧化硅复合膜层($SiO_xC_yH_z$)溶胶沉积在衬底上,然后在300℃下热处理30min。图10-6(a)展示了浸涂工艺,将衬底浸入溶胶中并以恒定速度取出。这些膜层来自具有不同摩尔比的乙醇与SiO_2组成的二氧化硅基溶胶。如图10-6(c)所示,两种溶胶的膜层厚度随取出速度的增加而增加。对于旋涂工艺,如图10-6(b)所示,将溶胶滴在旋转衬底上,所得到的膜层厚度随着旋转频率的增加而减小(图10-6(d))。溶胶-凝胶模层工艺流程如图10-7所示。通过球磨法测量了膜层厚度[Meh05]。

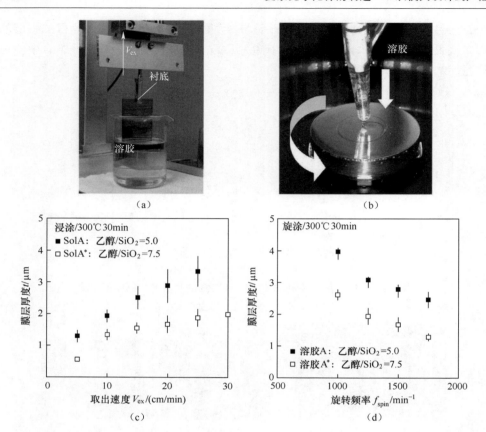

图 10-6 浸涂工艺(a)和旋涂工艺(b)。在 300℃下热处理 30min 后,二氧化硅复合膜层的厚度与沉积速度之间的函数关系(c)以及与旋涂工艺的旋转频率之间的函数关系(d)。给出了溶剂乙醇与 SiO_2 摩尔比不同的两种二氧化硅基溶胶(A 和 A^*)的结果

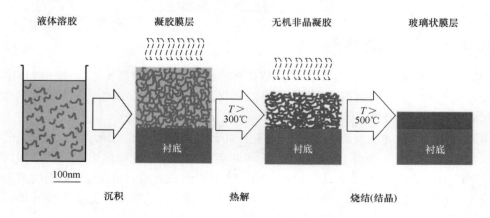

图 10-7 溶胶-凝胶膜层工艺示意图

溶胶沉积后,液体溶胶膜经过溶剂的蒸发迅速转变为固体凝胶膜,如图10-7所示。在300℃以上,由于有机基团的热解作用,凝胶转化为具有高残余孔隙率的无机非晶态干凝胶。在500℃以上,无机多孔膜层通过烧结转化为紧密的玻璃状膜层。二氧化硅(SiO_2)基膜层即使在更高温度下仍然保持非晶态。其他金属氧化物膜层,例如溶胶-凝胶氧化锆(ZrO_2)或氧化铝(Al_2O_3)膜层,在500℃以上的温度下会结晶并转化为纳米晶陶瓷[Bri90]。

溶胶-凝胶膜层在环境空气中进行热处理而硬化时,由于膜层在热处理过程中的收缩以及膜层与衬底之间的热膨胀系数差,经常会形成裂纹。对于ZrO_2或Al_2O_3等溶胶-凝胶金属氧化物膜层,其沉积而不产生裂纹的最大膜层厚度限制在每层$0.5\mu m$[Meh05]。二氧化硅基复合膜层的最大厚度约为每层$5\mu m$。通过多层沉积可得到较厚的膜层。

为了克服与热处理相关的问题,研究了使用125keV H^+、250keVN^{2+}和2MeV Cu^{2+}进行离子辐照硬化的方法[Luc07,Ghi07]。

10.3.2 溶胶的合成

溶胶合成的前体是醇盐,例如TEOS(四乙氧基正硅酸盐)、$Si(OC_2H_5)_4$和ZTP(四正丙醇锆)$Zr(O^nC_3H_7)_4$[Bra01]。n价金属M的金属醇盐的一般化学式为$M(OR)_n$,其中R表示烷基,如甲基($-CH_3$)、乙基($-C_2H_5$)、丙基($-C_3H_7$)或丁基($-C_4H_9$)。为了合成溶胶,将这些醇盐溶解在有机溶剂中,例如乙醇、1-丙醇或2-丙醇。醇盐的交联通过添加少量水来完成。在水解反应(1)之后进行浓缩反应(2a)和(2b),从而形成交联的金属有机聚合物[Bri90]。

$$(RO)_{n-1}M - OR + H_2O \rightarrow (RO)_{n-1}M - OH + ROH \tag{1}$$

$$(RO)_{n-1}M - OR + HO - M(OR)_{n-1} \rightarrow (RO)_{n-1}M - O - M(OR)_{n-1} + ROH \tag{2a}$$

$$(RO)_{n-1}M - OH + HO - M(OR)_{n-1} \rightarrow (RO)_{n-1}M - O - M(OR)_{n-1} + H_2O \tag{2b}$$

10.3.3 用于玻璃模压模具的薄溶胶-凝胶 ZrO_2 膜层

用于沉积ZrO_2膜层的溶胶合成的前体是四正丙醇锆(ZTP:$Zr(O^nC_3H_7)_4$)。除了ZTP以外,溶胶还包括乙酰丙酮($CH_3COCH_2COCH_3$、2-丙醇、水和分子量为40g/mol的聚乙二醇(PEG400)。2-丙醇、H_2O和乙酰丙酮与ZTP的摩尔比分别为15、3和1。为了调节溶胶黏度,防止膜层破裂,加入质量分数为5%的PEG 400。关于溶胶合成的更多细节可参见文献[Izu89,Pat97]。

对总厚度为600~800nm的5层溶胶-凝胶ZrO_2膜层进行硬度测量,该膜层沉积在尺寸为40mm×20mm×1mm的抛光AISI 304不锈钢衬底上。使用负载控制的商用纳米压痕仪与原子力显微镜(AFM)系统和Berkovich金刚石压头一起进行纳米压痕。

在测量之前,仪器和样品可在保温罩内进行10h的热平衡。单个压痕工序包括以50μN/s的速度持续加压和卸压10s,在最大压力下保持5s,以减少时间相关的效应。最大压力范围在100~3000μN,对应的压痕深度为10~180nm。在每次压痕前,通过原子力显微镜测量局部表面形貌。在$1\mu m^2$的扫描区域内,典型的表面粗糙度(均方根)小于2nm。

图10-8显示了5层ZrO_2膜层在400~700℃的温度下热处理10min后测量的硬度H和降低的弹性模量$Er^{[Luc04]}$。显示的是降低的弹性模量并不是实际弹性模量,因为它不必假设一个膜层泊松比。压痕是在总膜层厚度的7%~10%的标准接触深度下进行的。误差线表示5~7个压痕的最大值和最小值。硬度和降低的弹性模量在450~700℃的温度范围内均表现为单调递增。来自同一溶胶体系的膜层的X射线衍射表明,在同一温度范围内,ZrO_2结构从无定形转变为立方体,再转变为立方体和单斜晶的组合[Meh97]。图10-8(a)显示由重量增加和膜层尺寸确定的膜层密度图。当热处理温度进一步升高时,密度会呈现出适度的增加,直到500℃后开始急剧下降。密度的增加可能与在较低温度下观察到的硬度的增加有关,但它不能解释在较高温度下硬度的增加。对于在600℃以上进行热处理的类似薄膜[Meh97],通过X射线衍射测得的巨大压缩残余应力可能抵消了在更高温下密度降低的影响。关于ZrO_2膜层的结晶相变、残余应力、硬度和降低的弹性模量的变化更多细节可参见文献[Pat98,Meh99]。

由Cr含量为13%(质量分数)的硬化马氏体钢(AISI 420)制成的经过预加工和抛光的精密玻璃模压模具($\varphi=25mm$)用ZrO_2进行2500r/min的旋涂,然后在600℃常规空气环境下进行30min热处理。通过使用原子力显微镜用台阶高度测量法测得膜层厚度为120nm±20nm。玻璃在570℃下进行压制,压力为4kN。一个透镜的压制周期约为15min。图10-9为采用柱面透镜阵列结构的ZrO_2溶胶-凝胶镀膜模具和用该模具模压的玻璃透镜。在镀膜模具表面和玻璃之间未观察到粘连,这表明ZrO_2溶胶-凝胶膜层成功地防止了玻璃和钢模之间的粘连,而在无镀膜模具中会出现粘连[Meh06]。

10.3.4 用于注射成型的二氧化硅基溶胶-凝胶膜层

对基于原硅酸四乙酯(TEOS:$Si(OC_2H_5)_4$)和甲基三乙氧基硅烷(MTES:$Si(CH_3)(OC_2H_5)_3$)的溶胶制备的二氧化硅基复合膜层进行了表征,并测试了其用于制造微结构光学模具的效果[Dat05,Meh06,Meh07,Meh10b]。

基于TEOS和MTES前体的溶胶必须用酸或碱催化,因为这些分子的化学反应活性非常低。对于酸催化的溶胶,使用乙酸(CH_3COOH)、水和乙醇(C_2H_5OH),并

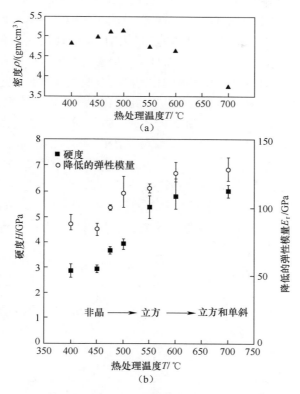

图 10-8　5 层溶胶-凝胶 ZrO$_2$ 膜层在各种热处理温度下的硬度和降低的弹性模量[Luc04]。估算的膜层密度如图(a)所示

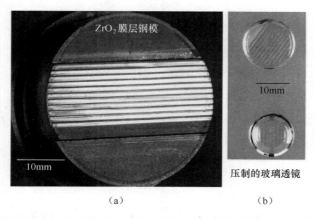

图 10-9　具有柱面透镜阵列的 ZrO$_2$ 膜层钢模(a)和用该膜层钢模压制的玻璃透镜(b)

添加聚乙烯基吡咯烷酮(PVP:$(C_6H_9NO)_n$)以减少热处理期间的裂纹形成。酸催化的溶胶的典型摩尔组成为 TEOS:MTES:CH_3COOH:H_2O:PVP:C_2H_5OH = 0.4:0.6:1:1:0.25:5(溶胶 A)。氢氧化钠(NaOH)用作碱催化溶胶的催化剂,该溶胶的典型摩尔组成为 TEOS:MTES:NaOH:H_2O:C_2H_5OH = 0.2:0.8:0.2:1.1:0.2(溶胶 B)。有关酸和碱催化的溶胶合成的更多细节见文献[Meh10a]。

所用催化剂的类型对聚硅酸盐的生长机理有重要影响。在酸催化的溶胶中,聚硅酸盐的生长是通过簇-簇的聚集产生的,从而形成了支化度较弱的聚合物(图10-10)。当 pH<6 时,只有少量硅烷醇基团(≡Si—OH)被去质子化,去质子化优先发生在聚硅酸盐的末端[Bri90,Ile79]。在碱催化的溶胶中,聚硅酸盐的生长是通过单体-团簇的聚集产生的,从而形成高度支化的致密聚合物簇(图10-10)。当 pH>8 时,聚硅酸盐表现出高度的硅烷醇基团(≡Si—O—)去质子化。带负电荷的聚硅酸盐的电排斥作用阻止了簇-簇的聚集,聚硅酸酯通过单体-簇的聚集而优先与中性单体冷凝[Bri90,Ile79]。

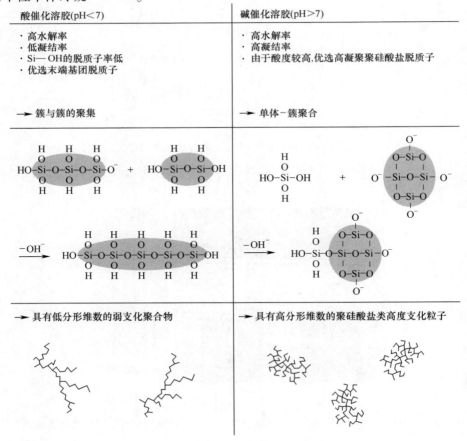

图 10-10　酸和碱催化的二氧化硅溶胶的聚合物生长机理

酸和碱催化溶胶中的聚硅酸盐微结构的差异对所得膜层的机械和化学特性有直接影响。

在下文中，由乙酸催化的溶胶（溶胶 A）制备的膜层将称为 A 膜层（$SiO_xC_yH_z$），由氢氧化钠催化的溶胶（溶胶 B）制备的膜层称为 B 膜层（$SiNa_uO_xC_yH_z$）。因为溶胶 B 中含氢氧化钠（NaOH），所以 B 膜层中含有钠。这些膜层的确切化学成分取决于热处理温度。

10.3.5 二氧化硅复合膜层的力学性能

测量了 A 膜层与 B 膜层的厚度和硬度随热处理温度的变化。使用原子力显微镜通过测量刮擦膜层的台阶高度测量了膜层厚度。使用 Berkovich 金刚石压头通过纳米压痕实验对硬度进行了测量，最大压力能够产生的压痕深度为膜层厚度的 10%。

图 10-11 显示了 A 膜层与 B 膜层的实测厚度和硬度与热处理温度之间的关系。这两种膜层的厚度随热处理温度的升高而降低，而硬度则随热处理温度的升高而增加。在所有热处理温度下，B 膜层的硬度都超过了 A 膜层的硬度。在 600℃ 热处理后，B 膜层（$SiNa_uO_xC_yH_z$）的最大硬度约为 3.4GPa，约为 A 膜层（$SiO_xC_yH_z$）的实测硬度的 3 倍。这表明催化剂的类型对硬化特性有影响。

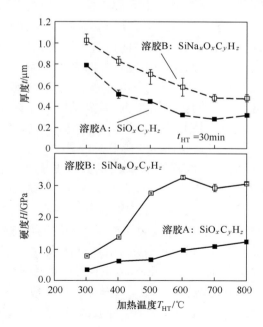

图 10-11 A 膜层与 B 膜层的实测厚度和硬度与热处理温度 T_{HT} 之间的关系。A 膜层与 B 膜层的热处理时间分别为 10min 和 30min

针对两种类型的膜层,观察到膜层厚度的降低是由于多孔膜层通过黏性烧结而致密化,以及热处理过程中干凝胶中残留的有机和无机化合物的蒸发。我们提出了 B 膜层硬度较高的 3 个原因:第一,石英玻璃的玻璃化转变温度 T_g 随着钠含量的增加而降低。对于纯二氧化硅,T_g 为 1200℃,对于钠含量为 14% 的钠钙玻璃,T_g 降至 545℃[Mar82]。B 膜层的钠硅比 Na/Si 在 0.2~0.9 之间,如图 10-14(b) 所示[Meh10a]。这些比率对应于 7.1%~28% 的钠含量。因此,与不含钠的 A 膜层相比,B 膜层的黏性烧结活性有望显著提高[Meh10a]。第二,与含较少支化聚合物的酸催化溶胶相比,碱催化硅溶胶含有高度凝结的颗粒状聚合物(图 10-10),从而获得了更高的干凝胶密度以及更高的硬度[Meh10a]。第三,酸催化的溶胶的聚合物浓缩较少,因此含有更多的有机残留物。这些功能基团会限制致密化过程[Sch97]。与 A 膜层相比,这 3 种作用都提高了 B 膜层的黏性烧结活性。

碳酸钙/苏打石灰玻璃的化学成分与 B 膜层相似,硬度为 5.5GPa,弹性模量为 70GPa[Mar82]。但是 B 膜层的最大实测硬度为 3.4GPa,表明在热处理 30min 后,由于烧结导致的硬化未充分完成。长达 4h 的热处理时间支持了这一结论,其中膜层的最大硬度为 6.5GPa[Meh10a]。

10.3.6 二氧化硅复合膜层裂纹的形成

溶胶-凝胶膜层技术的一个主要缺点是由于裂纹的形成而限制了单层膜层的厚度[Meh05]。如果超过临界膜层厚度,则会形成裂纹,甚至出现分层。厚度大于 5μm 的无裂纹二氧化硅复合膜层的沉积只能通过多层沉积来实现,由于每一层都需要完整的热处理来防止形成裂纹,沉积过程费时费力。为了表征膜层的脆性与溶胶-凝胶加工参数之间的关系,对膜层样品进行了拉伸实验。图 10-12(a) 和 (b) 显示了配备有 USB 显微镜的拉伸试验机,该显微镜可在拉伸试验过程中现场监测裂缝的形成。用安装在样品上的卡尺测量受拉样品的应变。图 10-12(d) 显示了拉伸试验过程中二氧化硅镀膜样品的典型平行裂纹。

图 10-13 中的结果表明,A 膜层和 B 膜层的裂纹形成的临界应变 ε_{crit} 随着膜层厚度的减少而显著增加。这与通常的观察结果一致,即薄膜层比厚膜层裂纹更少。描述这种效应的理论模型是基于对拉伸应力膜层中存储的弹性能和裂纹扩展所需能量的平衡进行的分析[Hut92,Beu96]。裂纹扩展所需的能量 ΔE_{crack} 与裂纹产生的新面积 $\Delta A_{crack} = \Delta l_t$ 成正比(Δl 为裂纹长度的增加;t 为膜层厚度)。因此,$\Delta E_{crack}/\Delta A_{crack}$ 是一个常数 R(R 为抗裂性)。Hutchinson 和 Beuth 的研究表明,由于膜层中裂纹扩展而释放的特定的弹性能 $\Delta E_{elast}/\Delta A_{crack}$ 与 $\sigma^2/E \cdot t$ 成正比(σ 为膜层中的拉伸应力;E 为膜层的弹性模量)。因此,薄膜层释放的弹性能量比厚膜层释放的弹性能量更少。只有释放的弹性能 $\Delta E_{elast}/\Delta A_{crack}$ 足够高,足以克服抗裂性 R 时,裂纹才会扩展。因此,存在一个临界的膜层厚度,低于该厚度,不会出现裂纹扩展的现象。

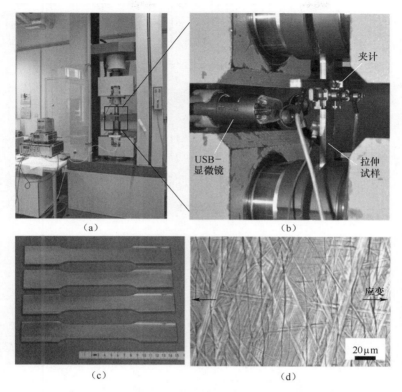

图 10-12 （a）配备 USB 显微镜的拉伸试验机；（b）用于在拉伸试验过程中现场监测裂纹的形成；（c）溶胶-凝胶镀膜的拉伸样品；（d）拉伸试验期间在膜层样品上形成平行裂纹

10.3.7 二氧化硅复合膜层的化学特性

为了更详细地研究 B 膜层在热处理过程中的化学反应，采用了 X 射线光电子能谱（XPS）、红外光谱（FT-IR）和拉曼光谱分析膜层的化学成分。采用弹性反冲检测（ERD）来确定膜层的氢含量。图 10-14（a）和（b）给出了通过 XPS 和 ERD 测量的 A 膜层和 B 膜层的化学成分与热处理温度之间的关系。

对于 B 膜层，测量的氧与硅的原子比（O/Si）增加到 2.8。氧与硅的比率超过 2 表示除了二氧化硅（SiO_2）以外还形成了其他含氧化合物。根据 XP 光谱（未显示），考虑另外的含氧化合物是碳酸氢钠（$NaHCO_3$）、碳酸钠（Na_2CO_3）或羧酸钠（NaOOCH）。通过红外光谱和拉曼光谱测量证实了这些结果[Meh10a]。

离子辐照改性是将溶胶-凝胶膜转变为陶瓷态的一种热处理替代方法。与高温热处理导致的高碳损失和薄膜开裂不同，离子辐照后会形成碳浓度高、氢选择性释放的无裂纹薄膜[Piv97]。入射离子穿过薄膜时会减速，在此期间，能量会通过与薄

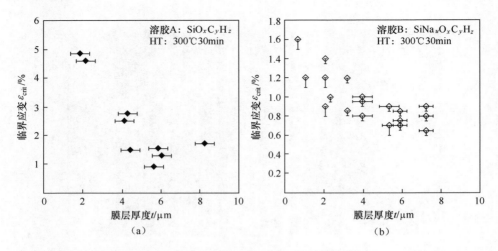

图 10-13 基于酸(a)和碱(b)催化的 TEOS-MTES 溶胶的二氧化硅复合膜层的临界应变与膜层厚度的关系

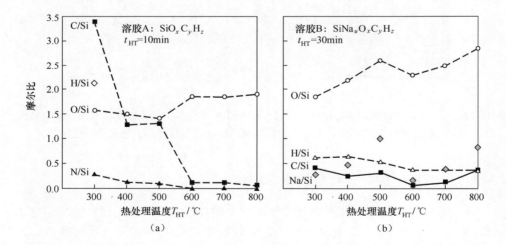

图 10-14 A 膜层和 B 膜层的摩尔比与热处理温度之间的关系

膜的目标原子碰撞(核停止)或通过激发电子并随后电离(电子停止)而转移到薄膜中的原子上[Tra99]。

离子辐照膜的制备方法是稀释酸和碱催化的溶胶,并在 300℃ 分别进行 10min 和 30min 的初始热处理。碱催化膜的厚度在 950~1025nm[Qi10],而酸催化膜的厚度在 600~650nm 之间[Luc08],这是通过原子力显微镜的台阶高度测量确定的。基于实测的薄膜厚度、膜层面积以及镀膜和热处理后膜层的实测增重,薄膜密度估计为 1.3g/cm^3。在室温下,使用 125keV H$^+$ 和 250keV N^{2+} 进行离子辐照改性,通量范围

为每平方厘米 $1×10^{14} \sim 2.5×10^{16}$ 个离子。为了测量薄膜的氢浓度,采用 3MeV $^4He^+$ 和相对入射光束为 30°的探测角进行弹性反冲检测(ERD)。ERD 和 X 射线光电子能谱(XPS)确定了未辐照的酸催化薄膜的化学成分(原子百分比)为 O20%、Si14%、H34%、C32%,未辐照的碱催化的薄膜的化学成分(原子百分比)为 O 占 44.2%、Si 占 22.1%、H 占 20.3%、C 占 10.7%、Na 占 2.7%。

通过使用压力控制的商用纳米压头与原子力显微镜组合进行纳米压痕实验研究了所得薄膜的力学性能。所有压痕均使用 Berkovich 金刚石压头。在接触深度范围内测量硬度和降低的弹性模量,最大为薄膜厚度的 20%,最小为薄膜厚度的 5%或表面粗糙度均方根的 20 倍,以较大者为准。在纳米压痕之前,通过原子力显微镜测量表面粗糙度。在离子辐照改性之前和之后,在 $1μm^2$ 的扫描区域内,所有薄膜的表面粗糙度均方根约为 1nm。

图 10-15 显示了在薄膜厚度的 10%时,纳米压痕硬度与离子能量密度的函数关系。观察到的硬度随离子能量密度的增加而增加,这与先前对酸催化膜的研究结果一致[Ghi08]。研究发现,无论是酸还是碱催化膜,采用 N^{2+} 辐照都比采用 H^+ 辐照能更有效地将溶胶-凝胶膜转化为陶瓷态[Luc10]。与碱催化的膜相比,酸催化的膜中辐照离子的种类在最终达到的硬度中所起的作用更大。在两种离子的最高能量密度下,N^{2+} 辐照酸催化膜的硬度比 H^+ 辐照膜的硬度高 270%。而对于碱催化的膜,仅观察到 30%的硬度差异。此外,在最高能量密度下,酸催化膜的 N^{2+} 辐照硬度为 7.4GPa,比碱催化膜的 N^{2+} 辐照硬度 4.7GPa 更高。这与 H^+ 辐照相反,H^+ 辐照中的结果表明,碱催化膜的硬度略高。对于碱催化膜,弹性模量的降低与离子种类无关。

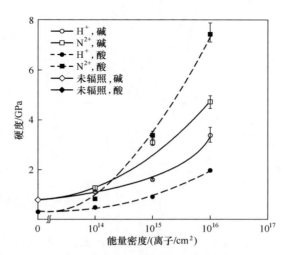

图 10-15 在薄膜厚度为 10%时,纳米压痕硬度与辐照能量为 125keV H^+ 和 250keV N^{2+} 的函数关系[Luc10]

如图 10-16 所示，碱催化膜的膜层厚度随着通量的增加而减小。当对膜层进行离子辐照改性时，硬度随膜收缩率的增加而增加，这与热处理一致。但是，硬度不仅仅是薄膜收缩的结果，如图 10-17 所示，与采用收缩率相当的热处理膜相比，离子辐照改性产生的膜层具有更高的硬度。

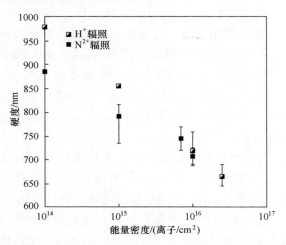

图 10-16　（见彩图）辐照度为 125keV H^+ 和 250keV N^{2+} 时，碱催化膜的厚度与能量密度之间的关系

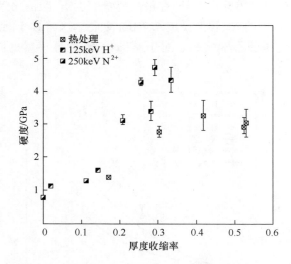

图 10-17　（见彩图）碱催化膜的纳米压痕硬度与膜收缩率之间的函数关系

离子辐照改性对硬度和氢浓度的影响与能量密度之间的函数关系如图 10-18 所示。与酸催化膜相比，未辐照的碱催化膜的硬度为 0.78GPa，而碱催化膜的硬度为 0.32GPa。据观察，不论是酸催化膜还是碱催化膜，硬度都随着能量密度的增加

而增加,而氢浓度则随着能量密度的增加而降低。观察到的氢浓度随着能量密度的增加而降低与先前发表的文献中的无机聚合物膜的观察结果一致[Tan02,Piv03]。结果表明,酸催化膜的氢浓度高于碱催化膜的氢浓度,这与酸催化溶剂中加入了聚乙烯吡咯烷酮(PVP)有关。对于基于溶胶成分的 H^+ 或 N^{2+} 辐照,薄膜表现出不同的硬化反应和氢释放过程。

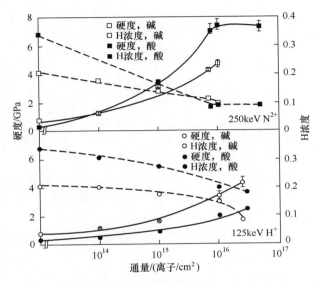

图 10-18　(见彩图)纳米压痕硬度和氢浓度随 H^+ 和 N^{2+} 离子浓度的变化[Qi10]

图 10-19(a)和图(b)显示了未辐照的碱催化膜和在一定的 H^+ 和 N^{2+} 通量辐照的薄膜的 FT-IR 光谱。未辐照薄膜的 FT-IR 光谱显示出 3 个不同的峰,中心在 $1060cm^{-1}$、$1165cm^{-1}$ 和 $1275cm^{-1}$ 附近。$1060cm^{-1}$ 峰与 Si-O-Si 反对称拉伸的横向光学(TO)模式有关,而 $1165cm^{-1}$ 的峰与多孔二氧化硅中的应变 Si-O-Si 反对称拉伸的纵向光学(LO)模式有关[Gal02,Alm90]。在 $1275cm^{-1}$ 附近的峰是由 Si-CH₃ 基团的 C-H 弯曲模式引起的。随着能量密度的增加,C-H 峰的强度逐渐降低,并且在较高的能量密度下不再出现。这表明,由于辐照改性,Si-CH₃ 基团中的 C-H 键减少。C-H 峰强度的持续降低与图 10-18 所示得出随着能量密度的增加,氢浓度下降是一致的。

随着能量密度的增加,可以观察到 Si-O-Si 桥键的 TO 和 LO 模式的相对强度的变化。这些峰从两个不同的峰转变为一个宽峰,表明 Si-O-Si 相关种类的范围不断扩大。相对于 LO 模式,TO 模式强度随着通量的增加而增加,表明网络更聚合[Gal02]。LO 模式的相对强度的降低也表明膜孔隙率随能量密度的增加而降低,因为已经证明,在 1165cm^{-1} 处的 LO 模式与存在于凝胶孔表面的应力 Si—O—Si 键有关[Gal02]。

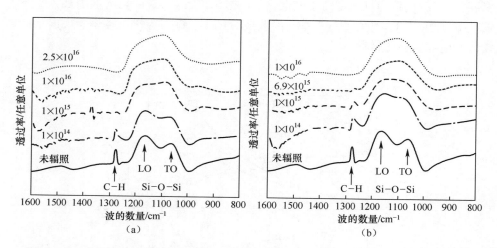

图 10-19 在不同能量密度下采用(a)125keV H$^+$ 和(b)250keV N^{2+} 辐照的碱催化薄膜的 FT-IR 光谱。为了进行比较,还给出了未辐照改性薄膜的 FT-IR 光谱[Qi10]

网络聚合度的增加和膜孔隙率的降低在一定程度上解释了随着离子能量密度的增加而观察到硬度增加的现象。

10.3.8 二氧化硅基溶胶-凝胶膜层的加工

通过微机械加工技术制备了用于光学元件的注射成型的微结构模具。对淬火钢盘(ϕ50mm, t:15mm, AISI 420: $X_{40}Cr_{13}$、55 HRC)进行研磨并抛光至达到光学表面质量。通过以 500r/min 的速度旋涂,然后在 300℃下进行 120min 的热处理,将碱催化的 B 溶胶沉积在钢盘上。重复 4 次旋转涂敷和热处理。得到的 4 层膜层的总厚度约为 17μm。膜层表面微结构采用金刚石切削刀具通过飞刀车削而形成的,刀具参数负前角 $\gamma=-20°$,切削刃半径 $\gamma_\varepsilon=3$mm。在超精密机床上对镀膜模具进行了金刚石加工。铣削过程如图 10-20(a)所示。图 10-20(b)和(c)显示了带有微加工通道的结构化膜层[Meh10b]。加工通道的表面光滑且边缘锋利,无缺陷或毛刺。实测的粗糙度 Ra 约为 15nm。使用商用注塑机(背压:1300bar,PMMA 温度:230℃,模具温度:80℃,注射速度:20cm^3/s),通过溶胶-凝胶膜层和结构化模具完成 PMMA 光学元件的注射成型。图 10-20(d)显示的是使用图 10-20(b)中所示的溶胶-凝胶膜层和微结构模具通过注射成型工艺复制的光学元件。聚甲基丙烯酸甲酯与镀膜模具之间不存在黏附或黏着现象,且复制的元件几乎达到光学表面质量,表面粗糙度 Ra 为 21nm。

待 1000 个透镜注射成型后,对非结构化膜层进行显微镜检查,无明显变化。因此,这些膜层的耐腐蚀性和耐磨性足以用于聚甲基丙烯酸甲酯光学元件的注射成型。图 10-21 显示 4 层 A 膜层的微机械加工以及得到的微结构。

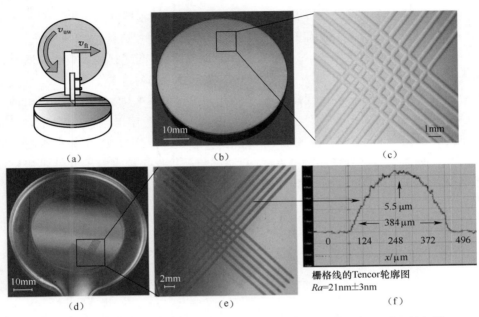

图 10-20　(a)金刚石飞刀铣削工艺示意图;(b)和(c)具有微结构 B 膜层的钢模;(d)和(e)用微结构模具注射成型复制 PMMA 光学元件;(f)栅格线的轮廓

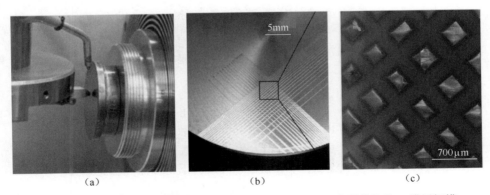

图 10-21　(a)金刚石铣削的溶胶-凝胶膜层钢模具;(b)具有微结构的 A 膜层钢模;(c)微加工膜层表面的 SEM 图像

10.4 通过光热法表征膜层

除了机械和化学特性以外,模具膜层还提供了一个热屏障,有助于控制注射塑料材料的冷却速率。这种热屏障的有效性取决于其设计膜层的厚度和材料的热特性(导热率和热容)。光热测量技术可以测量膜层的厚度和热特性。

虽然存在不同的光热技术,但是在大多数情况下,强度调制激光束会热激发样品表面,如图10-22所示。会产生热波并传播到膜层与衬底界面处[Ros76],然后被反射回表面。根据热扩散长度 μ、膜层厚度 d 和热反射系数 R 的不同,可以出现多次热波反射。这些多重波会产生振荡温度,振荡温度通过温度幅值 T_0 和相对于激发热波的相位差 $\Delta\varphi$ 定义。这种特性类似于光学薄膜干涉法,因此称为热波干涉法[Ben82]。通常通过红外探测测量温度,并通过归一化程序校正电子元件对相位差的影响。

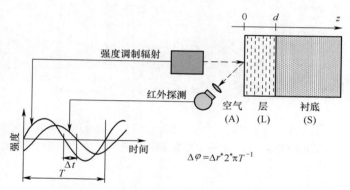

图 10-22 光热测量的实验设置和实测相位差 $\Delta\varphi$ 定义

对于一维几何形状和光学不透明膜层,存在一种描述热波特性的数学方程。例如,在膜层表面($z=0$)处,复合温度振幅 T_L 为

$$T_L(z=0) = \frac{I_0}{2\kappa_L \sigma_L} \cdot \frac{1 + R \cdot \exp(-2\sigma_L d)}{1 - R \cdot \exp(-2\sigma_L d)} \tag{10-1}$$

式中:I_0、d、κ_L 分别为激发强度、膜层厚度和导热系数。复参数 σ_L 为

$$\sigma_L = (1+i)/\mu_L \tag{10-2}$$

热波反射系数 R 取决于膜层(下标 L)与衬底(下标 S)之间的热对比度:

$$R = \frac{1 - \dfrac{e_S}{e_L}}{1 + \dfrac{e_S}{e_L}} \tag{10-3}$$

第10章 新型硬质膜层的沉积、制备和测量

其中,

$$e_j = \sqrt{k_j \rho_j c_j} \qquad (10\text{-}4)$$

式中:ρ 和 c 分别为质量密度和热容。

最后,通过下式计算热扩散长度 μ_L:

$$\mu_L = \frac{\lambda_L}{2\pi} = \sqrt{\frac{2\alpha_L}{\omega}} = \sqrt{\frac{2\kappa_L}{\rho_L c_L \omega}} \qquad (10\text{-}5)$$

热扩散长度的大小可以理解为热波的传播距离,它小于热波长 λ,并且随着激发辐射的调制频率($f=\omega/2\pi$)的增加而减小。图10-23为温度复振幅(式(10-1))相对于涂层厚度 d 的计算相位差 $\Delta\varphi$,归一化为热扩散长度 μ_L。相位差随热反射系数 R 的变化而变化。

从叠加在 $R=-0.9$ 曲线上的直线可以看出,在一定范围内,相位差几乎与膜层厚度线性相关。

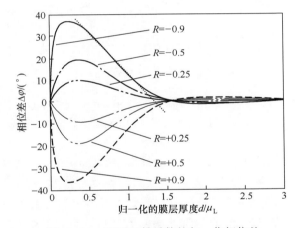

图10-23 不同反射系数的归一化相位差

在这个近似线性的区域内,如果已知衬底和涂层的热参数,就可以测量出涂层的厚度(或者,可通过校准确定 $\Delta\varphi$ 和 d 之间的相关性)。

需要注意的是,在图10-23中,膜层厚度对最大相位值没有影响,最大相位值只受反射系数 R 的影响。

由图10-23可知,在恒定频率、不同膜层厚度 d 下的相位曲线与恒定膜层厚度、不同频率下的相位曲线形状相同。为了确定膜层的热特性,首先需要测量不同调制频率下的相位 $\Delta\varphi$,并绘制成 $f^{1/2}$ 的函数(图10-24),然后估算出最大相位值和热反射系数 R。根据式(10-3)和式(10-4)得出积 $\kappa_L \rho_L c_L$。然后,通过近似法确定图10-24中横坐标的归一化因子 s。当被测相位的最大值位于与图10-23中相位曲线最大值的相同位置(根据相同的 R 值计算)时,可以得到 s 的正确值:

$$s = \frac{\sqrt{\dfrac{\kappa_L}{\pi \rho_L c_L}}}{d} \tag{10-6}$$

现在,可以通过式(10-6)计算热扩散系数 $\kappa_L/\rho_L c_L$。结合热扩散率和积 $\kappa_L \rho_L c_L$ 最终将得到膜层的导热系数 κ_L。图10-24为钢衬底上5个PVD-TiCuN膜层样品的相位曲线。

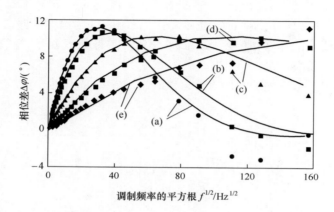

图10-24 (见彩图)在厚度为11.7μm(a)、10.0μm(b)、5.3μm(c)、3.2μm(d)和1.8μm(e)的钢圆盘上的PVD-TiCuN涂层测量相位曲线

通过GDOES(辉光放电发光光谱仪)分析,确定涂层的成分为钛:84%~89%,铜:0.4%~1.0%,氮:8%~13%。通过球坑法测量涂层厚度 d,光热分析的数值结果如表10-2所列。关于样品制备和分析的更多细节见参考文献[Goc04]。

表10-2 PVD TiCuN 膜层的光热分析数值结果

参数	$d/\mu m$				
	11.7	10.0	5.3	3.2	1.8
R	-0.3	-0.28	-0.275	-0.275	-0.275
$\alpha/(m^2/s)$	2.55	2.77	2.55	2.79	2.54
$e_L/(W \cdot s^{1/2}/m^2 \cdot K)$	7135	7370	7540	7540	7540
$\kappa/(W/m \cdot K)$	11.4	12.3	12.0	12.6	12.0

对于上述确定膜层热参数的方法,衬底的热参数和膜层厚度必须是已知的。该方法仅适用于一维热波传播。此外,膜层必须对激发和探测波长是不透明的。关于膜层-衬底界面的另一个假设是热流和温度必须是连续的,否则会产生热接触电阻,并且热反射系数将变得复杂[Pre06]。热接触电阻可以来检测通过与典型相位

第10章 新型硬质膜层的沉积、制备和测量

曲线的显著偏差。如果存在热接触电阻,则表明可能存在分层。

10.5 小 结

合作研究中心的 SFB-TR4 项目致力于开发新型硬质薄膜,将其用作复制复杂光学元件的模具膜层。我们开发了用于玻璃精密压制和塑料注射成型的膜层,还开发了纳米晶 PVD Ti-Ni-N 和 Ti-Cu-N 膜层以及薄的溶胶-凝胶 ZrO_2 膜层,并作为玻璃压制模具的新型保护膜层进行了测试。对用于塑料注射成型的模具膜层,开发并测试了厚的溶胶-凝胶二氧化硅基膜层,以替代传统的化学镀镍膜层。通过利用有机-无机溶胶-凝胶复合材料制备出无裂纹厚膜层。使用金刚石刀具进行微加工可在处于前陶瓷状态的情况下在膜层中创建复杂的几何形状。通过热处理和离子辐照改性,将溶胶-凝胶膜转变为最终的陶瓷态。

致 谢

本研究属于德国跨区域科研合作重大专项项目 SFB/TR 4"复杂光学元件的复制工艺链"的一部分工作,作者感谢德国研究基金会(DFG)为本研究提供资金支持。非常感谢美国国家科学基金会通过 OISE-0352377 和 OISE-0128050 拨款提供资金。这项工作的一部分工作是在综合纳米技术中心进行的。该中心是美国能源部的一个基础能源科学办公室、纳米级科学研究中心,由洛斯阿拉莫斯和桑迪亚国家实验室联合运营。

参 考 文 献

[Alm90] Almeida, R. M., Pantano, C. G.: Structural investigation of silica gel films by infrared spectroscopy. J. Appl. Phys. 68, 4225-4232 (1990)

[Bra01] Bradley, D. C., Mehrotra, R. C., Rothwell, I. P., Singh, A. A.: Alkoxo and Aryloxo Derivatives of Metals. Academic Press, Boston (2001)

[Ben04] Bengelsdorff, S., Stock, H.-R., Zoch, H.-W., Grimme, D., Preuß, W., Brinksmeier, E.: Abscheidung von diamantbearbeitbaren Titan-Nickel-Nitrid-Schichten für Abformwerkzeuge. Tagungsband zum 7. Werkstofftechnischen Kolloquium in Chemnitz, Schriftenreihe Werkstoffe und werkstofftechnische Anwendungen. Band 18, 256-262 (2004) ISBN 3-00-013553-7, ISSN 1439-1597

[Ben82] Bennett, C. A., Patty, R. R.: Thermal wave interferometry: A potential application of the photoacoustic effect. Appl. Optics 21(1), 49-54 (1982)

[Beu96] Beuth, J. L., Klingbeil, N. W.: Cracking of thin films bonded to elastic-plastic substrates. J. Mech. Phys. Solids 44(9), 1411-1428 (1996)

[Bri90] Brinker, C. J., Scherer, G. W.: Sol-Gel Science: The Physics and Chemistry of Sol-Gel Processing, ch. 3. Academic Press, Boston(1990)

[Dat05] Datchary, W., Mehner, A., Zoch, H.-W., Lucca, D. A., Klopfstein, M. J., Ghisleni, R., Grimme, D., Brinksmeier, E.: High precision diamond machining of hybrid sol-gel coatings. J. Sol-Gel Sci. Technol. 35, 245-251(2005)

[Gal02] Gallardo, J., Durán, A., Di Martino, D., Almeida, R. M.: Structure of inorganic and hybrid SiO_2 sol-gel coatings studied by variable incidence infrared spectroscopy. J. Non-cryst. Solids 298, 219-225(2002)

[Ghi07] Ghisleni, R., Lucca, D. A., Nastasi, M., Shao, L., Wang, Y. Q., Dong, J., Mehner, A.: Effects of electronic stopping on the irradiation-induced changes in hybrid modified silicate thin films. Nucl. Instrum. Meth. B 257, 581-584(2007)

[Ghi08] Ghisleni, R., Lucca, D. A., Wang, Y. Q., Lee, J.-K., Nastasi, M., Dong, J., Mehner, A.: Ion irradiation effects on surface mechanical behavior and shrinkage of hybrid sol-gel derived silicate thin films. Nucl. Instrum. Meth. B 266, 2453-2456(2008)

[Gri04] Grimme, D., Preuß, W., Brinksmeier, E., Bengelsdorff, S., Stock, H.-R., Mayr, P.: Technologische Grundlagenuntersuchungen zur Bearbeitung neuartiger schleif-und polierbarer PVD-Hartstoffschichten. HTM 59, 291-297(2004)

[Goc04] Goch, G., Prekel, H., Patzelt, S., Ströbel, G., Lucca, D. A., Stock, H. R., Mehner, A.: Non-destructive and non-contact determination of layer thickness and thermal properties of PVD and sol-gel layers by photothermal methods. CIRP Ann. -Manuf. Techn. 53, 471-474(2004)

[He01] He, J. L., Setsuhara, Y., Shimizu, I., Miyake, S.: Structure refinement and hardness enhancement of titanium nitride films by addition of copper. Surf. Coat. Technol. 137, 38-42(2001)

[Hut92] Hutchinson, J. W., Suo, Z.: Mixed Mode Cracking in Layered Materials. Chapter V. Cracking of Pre-tensioned Films. In: Advances in Applied Mechanics, vol. 29, pp. 132-137. Academic Press, Boston(1992)

[Ile79] Ller, R. K.: The Chemistry of Silica. Wiley, New York(1979)

[Izu89] Izumi, K., Murakami, M., Deguchi, T., Morita, A., Tohge, N., Minami, T.: Zirconia coatings on stainless-steel sheets from organozirconium compounds. J. American Ceramic Soc. 72, 1465-1468(1989)

[Luc04] Lucca, D. A., Klopfstein, M. J., Ghisleni, R., Gude, A., Mehner, A., Datchary, W.: Investigation of sol-gel derived ZrO_2 thin films by nanoindentation. CIRP Ann. -Manuf. Techn. 53, 475-478(2004)

[Luc07] Lucca, D. A., Ghisleni, R., Nastasi, M., Shao, L., Wang, Y. Q., Dong, J., Mehner, A.: Effects of ion implantation on surface mechanical properties of sol-gel derived TEOS/MTES thin films. Nucl. Instrum. Meth. B 257, 577-580(2007)

[Luc08] Lucca, D. A., Ghisleni, R., Lee, J.-K., Wang, Y. Q., Nastasi, M., Dong, J., Mehner, A.: Effects of ion irradiation on the structural transformation of sol-gel derived TEOS/MTES thin films. Nucl. Instrum. Meth. B 266, 2457-2460(2008)

[Luc10] Lucca, D. A., Qi, Y., Harriman, T. A., Prenzel, T., Wang, Y. Q., Nastasi, M., Dong, J., Mehner, A.: Effects of ion irradiation on the mechanical properties of SiNawOxCyHz sol-gel derived thin films. Nucl. Instrum. Meth. B 268, 2926-2929(2010)

[Mar82] Marschall, D. B., Noma, T., Evans, A. G.: A simple method for determining elastic-modulus-to-hardness ratios using Knoop indentation measurements. J. Am. Ceram. Soc. 65(10), 175-176(1982)

[Meh97] Mehner, A., Klümper-Westkamp, H., Hoffmann, F., Mayr, P.: Crystallization and residual stress formation of sol-gel-derived zirconia films. Thin Solid Films 308-309, 363-368(1997)

[Meh99] Mehner, A.: Sinterung und Kristallisation nasschemisch abgeschiedener ZrO_2-Filme. Dissertation. Shaker-Verlag, Aachen(1999)

[Meh05] Mehner,A. ,Datchary,W. ,Bleil,N. ,Zoch,H. -W. ,Klopfstein,M. J. ,Lucca,D. A. :The influence of sol-gel processing parameters on crack formation, microstructure, density and hardness of sol-gel derived zirconia films. J. Sol-Gel Sci. Technol. 36,25-32(2005)

[Meh06] Mehner,A. ,Zoch,H. -W. ,Datchary,W. ,Pongs,G. ,Kunzmann,H. :Sol-gel coatings for high precision optical molds. CIRP Ann. -Manuf. Techn. 56,589-592(2006)

[Meh07] Mehner,A. ,Dong,J. ,Zoch,H. -W. ,Brinksmeier,E. ,Grimme,D. ,Lucca,D. ,Ghisleni,R. ,Michaeli,W. ,Kleiber,F. :Diamond Machinable Sol-Gel SiOxCy-Coatings for High Precision Optical Molds. In:Proceedings of the 6th International Conference THE Coatings in Manufacturing Engineering 2007,Hannover, May 25-26,pp. 55-64(2007);Berichte aus dem IFW Band 10/2007[Meh10a] Mehner,A. ,Dong,J. ,Prenzel,T. ,Datchary,W. ,Lucca,D. A. :Mechanical and chemical properties of thick hybrid sol-gel silica coatings from acid and base catalyzed sols. J. Sol-Gel Sci. Technol. 54,355-362(2010)

[Meh10b] Mehner,A. ,Dong,J. ,Hoja,T. ,Prenzel,T. ,Mutlugünes,Y. ,Brinksmeier,E. ,Lucca,D. A. ,Klaiber,F. :Diamond machinable sol-gel silica based hybrid coatings for high precision optical molds. Key Eng. Mat. 438,65-72(2010)

[Myu03] Myung,H. S. ,Lee,H. M. ,Shaginyan,L. R. ,Han,J. G. :Microstructure and mechanical properties of Cu doped TiN superhard nanocomposite coatings. Surf. Coat. Technol. 163-164,591-596(2003)

第 11 章

光学表面的原位和在线测量

Gert Goch, Robert Schmitt, Stefan Patzelt, Stephan Stürwald, Andreas Tausendfreund

在机械加工或采用模具复制过程中,轮廓和粗糙度的测量非常困难并且不准确。本章基于对工件表面的散斑强度分布,提出了一个能够满足需求的粗糙度测量系统。本章对散射光测量过程的理论进行了介绍。散射光测量过程以标量基尔霍夫(Kirchhoff)理论为基础,并分析了物理光学特性在光纤中传播的射线追踪模型。

采用干涉仪能够对模具及模压光学元件的面形偏差进行最高精度的非接触式光学检测。本章对相移数字全息测量方法进行了更详细地介绍。包括自动对准设置(含自动聚焦和后续的重新聚焦功能)、使用计算全息图(CGH)以及对面形偏差进行系统性确定和评估的各种方法。

11.1 概 述

光学模具和光学元件的超精密加工质量一般采用几何形状和表面粗糙度来表征。直到现在,在超精密加工或模具的复制过程中测量形状和粗糙度仍然非常困难并且不准确,必须用外部测量系统在机床之外测量工件。此外,加工过程中的刀具磨损会增加粗糙度,最终导致表面质量变差。因此,需要使用新的金刚石刀具进行第二次加工。在后续加工和测量的过程中,工件必须精确地配准到与第一次相同的位置,这种配准一般很耗时,有时甚至是无法实现的。这就产生了对新的测量系统的强烈需求。所需的测量系统应当能够在工件仍夹持在机床内部的条件下,以过程分离的方式(原位)或在加工过程中(在线)对形状和粗糙度进行表征。

基于对工件表面出现的散斑强度分布的分析,提出了一种能够满足需求的粗糙度测量系统,它的工作距离最多为几厘米,S_q 测量范围从 1~150nm,可快速无接触地工作。在线工作模式下,它优先采用具有各向异性的形貌来表征镜面反射表面。该方案对散射光测量过程进行了理论分析,散射光测量过程以标量基尔霍夫理论为基础,并考虑了物理光学特性在光纤中传播的射线追踪模型。

干涉仪能够对加工的光学元件进行快速非接触式全场定量相位成像。为了减少数据处理过程中的振铃效应,最常见的方法是使用基于傅里叶变换(FT)的空间载波相位测量技术(SCPM),这种技术仅需记录一次干涉图。在检测过程中,采用了最新的空间相移数字全息干涉技术(DHI),该技术在位置空间具有更高的鲁棒性。因此,相移数字全息术被应用于机器集成的光学透镜的干涉检测中。数字全息干涉技术能够通过传播复波从而在数值上改变焦点。在补偿变形、位移以及在机器上集成的长期研究中发现,数字全息实现对焦点进行可靠调整尤为重要。数值参数透镜的概念是数字全息干涉技术中的另一个关键特征,用于校正由装置及算法引起的重构波面的像差,从而实现测量反射光学表面的面形偏差。

11.2 粗糙度的测量

与用于表面粗糙度测量的形貌方法(如触针、自动聚焦轮廓仪、白光干涉仪)相比,光散射检测技术显示出真实的在线检测能力。早期研究中的光散射检测设备是对一定角度下检测到的镜面反射和漫散射光分量进行测量,从而监测研磨过程中的粗糙度变化[Pet65]。该装置的主要问题是测量结果对装置形式依赖性,例如,表面的波纹度产生的不同散射分布。基于散射光扩散的在线测量方法对CCD位置不太敏感[Bro84,Lee87]。这种测量方法假设表面高度和表面斜率分布之间有很强的相关性。对于特定的制造工艺来说,这通常是正确的[Pet79],但是对采用不同工艺制造的表面进行通用性表征时会产生困难。粗糙表面的功率谱可以根据散射光的角度分布获得[Thw80]。对于在线检测应用,这种角度分辨散射(ARS)方法需要动态响应范围非常高的探测器,并且仅限于相当平滑的光学表面(表面高度的均方根 S_q 远远小于光波长 λ)。在参考文献[Vor81,Whi94,Ben99]中可以找到有关粗糙度表征的最先进的光散射技术的研究。然而,所有这些还会受到相关长度和表面自相关函数的影响[Bro84]。

散射斑方法的理论分析表明,只有表面高度的均方根(RMS)会影响测量结果[Leh99]。此外,散射斑测量技术可实现高达100mm且可变的工作距离。下面介绍测量技术的一种最新方法,该方法基于部分显影的散斑图案实现粗糙度相关检测[Leh00]。

11.2.1 粗糙度测量系统

用直径为几毫米的完全显影的静态散斑图案照亮光滑表面($S_q<\lambda/4$)。其反射和散射斑强度的统计特性包含与表面粗糙度有关的基本信息。根据测量原理,

基于散斑场的粗糙度检测依赖于空间强度调制。该方法已经从理论上得到了证实,并通过各向同性的表面进行了实验验证[Yos90,Bas95]。在参考文献[Leh99]中介绍了该方法在反射和各向异性表面上的理论应用。漫反射板和空间滤光镜会产生静态照明散斑图案,这样可以形成大约30cm的扩展散斑检测装置。针对紧凑而稳定的测量需求,需要进一步研究有关静态生成的、完全显影的照明散斑图案小型化技术。

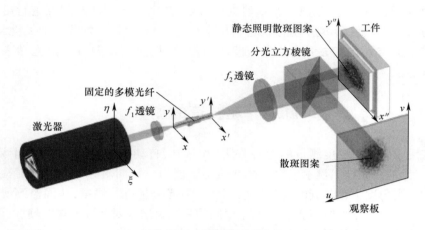

图11-1 粗糙度测量装置

最新的方法[Pat10],利用固定在小陶瓷管中的多模阶跃折射率光纤代替漫射板和空间滤光片。光纤内的不同色散会导致静态散斑的光强分布发生变化,从而照亮工件(图11-1)。极化的波前对纳米范围内的表面不规则性非常敏感,这导致u-v观察平面中会产生与粗糙度相关的散斑强度调制。光纤光学测量装置仅由几个低成本组件组成,约10cm。由此产生的照明散斑图案无法与漫射板产生的散斑图案区分开,并且与粗糙度测量完全耦合。需开发一种基于光传播和光散射过程的不同数学模型的软件工具,用于模拟测量过程。这样能够快速且低成本、高效益地调整和优化光学测量过程参数,如光波长、光纤规格、透镜焦距、光路长度、表面粗糙度和横向相关长度。

11.2.2 散射光测量过程的仿真

光纤光学粗糙度测量方法的数值模型将光路分为3个部分[Pat10]。基于标量基尔霍夫理论可以分为从激光(ξ-η面)到光纤前端(x-y平面)和从光纤末端(x'-y'平面)通过工件表面到探测器(u-v平面)[Goo96]。准直激光束的标量电场分布为

第 11 章 光学表面的原位和在线测量

$$E(\xi,\eta,z) = E_0(\xi,\eta) \cdot e^{ikz} \quad (11-1)$$

式中：$E_0(\xi,\eta)$ 为半径为 R_L 的光束截面的高斯振幅分布，$E_0(\xi,\eta) = E_0 \cdot e^{\left(-\frac{\xi^2+\eta^2}{R_L^2}\right)}$。根据标量基尔霍夫理论，焦距为 f_1 的透镜对入射光进行傅里叶变换，这导致后焦平面或光纤前端面的电场为

$$E_1(x,y,z=0) = \int E(\xi,\eta,z) \cdot e^{-i\frac{2\pi}{\lambda \cdot f_1}(\xi \cdot x + \eta \cdot y)} d\xi d\eta \quad (11-2)$$

波长为 λ 且束腰半径为 $r_w = (\lambda \cdot f_1)/(\pi \cdot R_L)$ 的聚焦光束进入光纤，根据菲涅耳折射定律，$\sin\alpha_0 = n \cdot \sin\alpha'_0$，其中光纤纤芯的折射率为 n。

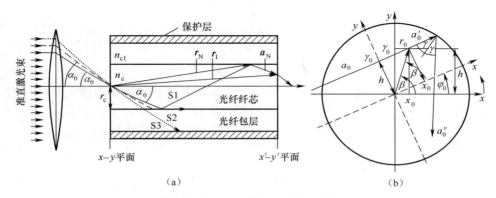

图 11-2 激光束耦合到光纤轴向截面(a)和横截面(b)

光纤内的光传播和光纤端面处的电场分布遵循射线追踪方法和波动光学。根据光束在光纤前端面上的入射位置、入射角和光纤射线跟踪的物理性质能够计算光纤内的光路长度和光束在 $x'-y'$ 平面的出射位置(图 11-2(a))。如果入射角小于临界角 α_c(图 11-2(a)中的 S1、S2 和 S3)，则由于纤芯-包层界面处的内部全反射，纤芯会引导光束。以下考虑一束进入光纤的光束，光纤长度为 L，纤芯半径为 r_c，在 $r_0 = (\widetilde{x}_0, \widetilde{y}_0 = \widetilde{h}, z = 0)$ 位置处的折射率为 n_c，入射角 $\alpha_0 \leqslant \alpha_c$，在入射平面与 $x-z$ 平面之间的方位角为 φ_0(图 11-2(b))。根据菲涅耳定律，折射光束包括与光轴 z 轴的夹角 $\alpha'_0 = \arcsin(\sin\alpha_0/n_c)$ 和与纤芯-包层界面的表面法线的夹角 $\gamma = \arcsin(\widetilde{h}/r_c)$。光束在纤芯-包层界面实现全反射，其中"ceil"表示括号内表达式的计算结果必须四舍五入到最接近的整数。

$$N = \text{ceil}\left\{\frac{L \cdot \tan\alpha'_0 - r_c \cdot \cos\gamma + \widetilde{X}_0}{2 \cdot r_c \cdot \cos\gamma}\right\} \quad (11-3)$$

最后，光束沿以下方向传输进入光纤的出射端。

$$\boldsymbol{\alpha}_N = \begin{pmatrix} \sin\alpha_0' \cdot \cos(\varphi_0 + N \cdot \Delta\varphi) \\ \sin\alpha_0' \cdot \cos(\varphi_0 + N \cdot \Delta\varphi) \\ \cos\alpha_0' \end{pmatrix} \quad \text{其中}, \Delta\varphi = 180° - 2\gamma \quad (11\text{-}4)$$

为了计算光纤出射端面处光束出口的位置 $\boldsymbol{r}_L = (x_L, y_L, z_L = L)$,需要知道界面上最后一个全反射点的位置矢量:

$$x_N = r_c \cdot \cos\varphi_N, y_N = r_c \cdot \sin\varphi_N, z_N = \frac{(2 \cdot N - 1) \cdot r_c \cdot \cos\gamma - \tilde{x}_0}{\tan\alpha_0'} \quad (11\text{-}5)$$

式中:光束出射点的坐标可以通过式(11-4)和式(11-5)的矢量相加得到

$$\boldsymbol{r}_L = \boldsymbol{r}_N + c_N \cdot \boldsymbol{a}_N = \begin{pmatrix} x_N + c_N \cdot \sin\alpha_0' \cdot \cos(\varphi_0 + N \cdot \Delta\varphi) \\ y_N + c_N \cdot \sin\alpha_0' \cdot \sin(\varphi_0 + N \cdot \Delta\varphi) \\ L \end{pmatrix}, c_N = \frac{L - Z_N}{\cos\alpha_0'}$$

$$(11\text{-}6)$$

x'-y' 平面中的电场分布 $E_2(x', y', z = L)$ 通过将所有小波振幅的同相叠加得出,它们相对于几何光路长度具有相同的出射坐标。基于标量基尔霍夫理论计算工件表面和观察平面中的电场分布。焦距为 f_2 的第二个透镜(图 11-1)对电场 E_2 进行傅里叶逆变换:

$$E_3(x'', y'') = \int E_2(x', y') \cdot e^{i\frac{2\pi}{\lambda f_2}(x' \cdot x'' + y' \cdot y'')} dx' dy' \quad (11\text{-}7)$$

式(11-7)描述了具有明确定义的直径和明确定义的平均散斑尺寸的静态照明散射斑图案。这种偏置波前与反射工件形貌的表面高度分布 $h_w(x'', y'')$ 的相互作用形成了入射电场 E_3 的相位调制函数 $\phi(x'', y'')$:

$$E_4(x'', y'') = E_3(x'', y'') \cdot e^{i\phi(x'', y'')}$$

其中, $\phi(x'', y'') = -\dfrac{4\pi}{\lambda} \cdot h_w(x'', y'')$ 。 $\quad (11\text{-}8)$

最后,与工件(图 11-1)距离为 a 的 u-v 观察平面中的电场遵循式(11-8)和菲涅耳衍射积分定理[Goo96]:

$$E_5(u, v) = \frac{-ik e^{ika}}{2\pi a} \iint_{s_0} E_4(x'', y'') \cdot e^{\frac{ik}{2a}[(u-x'')^2 + (v-y'')^2]} dx'' dy'' \quad (11\text{-}9)$$

E_5 根据式(11-7)描述了与 E_3 相同的静态散斑图案,但依据工件表面高度的均方根(RMS)值 $h_w(x'', y'')$ 对单个静态散射斑进行了额外的强度调制。根据卷积计算,通过应用快速傅里叶变换算法,可以轻松地在 Matlab 软件中实现卷积积分公式(11-9)的相应计算。

11.2.3 仿真和测量结果

基于上述仿真理论,图 11-3 给出了计算出的 3 个不同表面粗糙度的光滑物体表面的散射强度分布。从图中可以得出对于不同测量过程的仿真结果,照明散斑图案都是相同的。然而,调制的散斑强度随着表面粗糙度而增加。

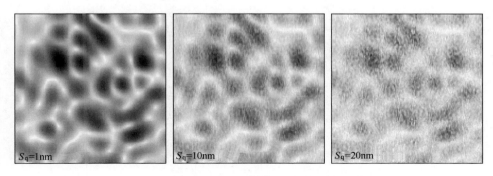

图 11-3　计算出的 3 个不同光滑物体的散斑图案

在图 11-3 中,采用光学粗糙度参数 R_{opt} 来表征散射光强度分布中的平均散斑尺寸。该参数是基于二维离散散斑强度自相关函数(ACF)计算而得出的[Pat06]。随着散斑强度调制越明显,靠近 ACF 最大值的 ACF 梯度也相应增加。图 11-4 给出了光学粗糙度参数 R_{opt} 与不同的各向同性粗糙模型表面的 S_q 粗糙度(S_q 在 1~100nm 范围内)之间的关系(图 11-4 中的正方形为仿真值,圆点为测量值)。

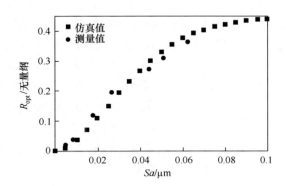

图 11-4　采用光学粗糙度 R_{opt} 评价仿真和测量结果

从图 11-4 可以看出,根据图 11-1 的实验装置测量的 R_{opt} 值(圆点)、测量过程的仿真参数值与 R_{opt} 的计算值非常接近。这有助于设计和组装相应的紧凑型测量装置(图 11-5(a)),该测量装置已经集成到超精密机床中进行原位粗糙度测量(图 11-5(b))。

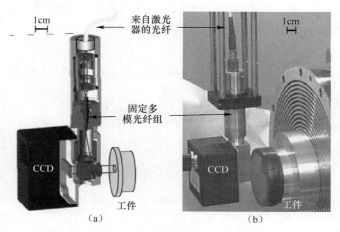

图 11-5 用于原位粗糙度测量的紧凑型测量装置的原理示意图(a)和集成到机床上的实物(b)

11.3 干涉仪的面形测量

　　由于相移技术精度在纳米范围内,因此,该技术广泛应用于球面和非球面透镜超精密制造的干涉仪面形测试中。迄今为止,已经有为光滑表面、反射和透射样件的无损检测和质量控制开发的各种能够应用相移方法的系统和算法(参见文献[Mal07],[Rob93],[Kre05])。而超精密加工的模具镶件和光学元件的质量检验需要在加工设备之外,进行离线检测。由于光学元件和模具镶件在机床上存在重新定位的问题,这会导致局部形状偏差的校正不精确。为克服这个问题,开发了一种在机器上集成测量系统(图 11-12)。为了制造具有光学级质量的模具镶件采用机床集成测量技术进行光学元件的质量控制,实现闭环工艺链,加快制造过程,减少重复加工。由于相移干涉仪对外部环境的影响比较敏感,因此,很难将其直接集成到生产环境中。一个主要的干扰因素是机床的振动[Dro95]。在机床振动、声学噪声和空气湍流不可避免的情况下,我们开发了一种新的测量算法。该方法采用不同的空间相移技术,仅需要一个离轴检测的干涉图。为了实现该测量技术在生产中的可持续应用,投资成本的最小化也是一个重要的挑战。因此,不采用高成本的驱动镜来执行时间相移。同时,采用数字调焦,而不采用机械调焦,这样可以通过对复杂的波前进行后处理,在不缩小视场的情况下提升轴向的有效分辨率,避免聚焦平面周围的信息因模糊而丢失。

11.3.1 测量系统的设置

　　采用空间相移数字全息干涉技术(DHI)技术,可以采用不同的结构设置。

图 11-6 给出了用于透射式(图 11-6(a))和反射式成像模式(图 11-6(b))的数字全息定量相位对比干涉测量的示意图。在入射成像模式下,使用相干光源(氦氖激光器,$\lambda = 632.8$nm)通过测量物镜照射到被测量表面并反射。采用与显微镜的镜筒透镜相结合方式,将同一被测物体成像到图像采集装置(CCD 传感器)上。

此处,物体表面波与相干的"参考波"叠加在一起,该相干"参考波"由分束器稍微倾斜,从而生成数字"离轴"全息图[Kre05]。参考波由穿过镜筒透镜的准直波形成,从而产生同样形状的波前(林尼克装置)。由于几何尺寸的限制,略微倾斜位于物镜和成像透镜之间的耦合光束分束器,无须另一个镜筒透镜就可以实现林尼克(Linnik)设置。上述两种设置,由物体和参考波的叠加形成的全息图被 CCD 图像传感器捕获,并传输到图像处理系统中,用于数字全息图的数值重建。

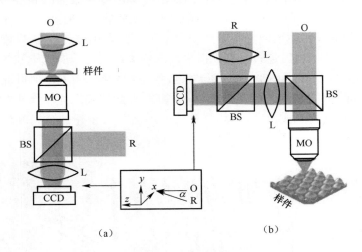

图 11-6 数字全息成像模式
(a)透射式设置;(b)反射式设置。
O—物体表面波;R—参考波;MO—显微镜物镜;BS—分束器;L—透镜;CCD—数字图像传感器

11.3.2 空间相移技术在位置空间中的应用

在如图 11-6 所示的干涉仪装置中,参考波 $R(x,y)$ 和待测物体表面波 $O(x,y)$ 叠加在图像记录装置的平面 (x,y) 中,形成的干涉图可用以下等式表示[Mal07]:

$$I_k(x,y) = |O(x,y) + R(x,y)|^2$$
$$= (I_0(x,y) + I_R(x,y)) \cdot (1 + \gamma(x,y)\cos(\varphi_{R,k}(x,y) - \varphi_O(x,y)))$$
(11-10)

式中:用 $I_0(x,y) = |O(x,y)|^2$ 和 $I_R = |R(x,y)|^2$ 表示两个波的强度;$\gamma(x,y)$ 为干涉图调制函数。当 O 光路中存在待测样品时,相位分布表示为 $\phi_O(x,y) = \phi_{00}(x,$

$y) + \varphi_S(x,y)$,其中,φ_{00}为纯物体表面波相位,φ_S为光穿过样品产生的光程。

11.3.2.1 空间相移

在空间相移的情况下,参考平面波和物体表面波处于离轴状态。离轴指的是参考波相对于物体表面波以小角度到达相机(图11-7(a))。所得的参考波载波条纹可表示为$\varphi_R(x,y) = x\beta_x(x,y) + y\beta_y(x,y) + C$。参数$\beta_x$和$\beta_y$表示O和R之间的相位差的空间梯度。$C$表示恒定的相位偏移。通过这种方式生成了空间载波条纹图案。为了从空间相移干涉图中重建物体表面波相位,采用一种数字全息显微计算的方法[Lie04]。该方法的原理是利用干涉像素周围的相邻区域(图11-7(b)中的ROI)中的相邻像素的强度来求解方程,从而获得包括相位和幅值的复杂物体表面波。所使用的算法基于以下假设:在干涉图中,只有物体表面波和参考波之间的相位差$\Delta\varphi_I(x,y) = \varphi_{R,k}(x,y) - \varphi_0(x,y)$在空间上快速变化。另外,由于采用了空间相移算法,必须假设物体表面波在干涉图中给定关注点周围约5×5像素的区域内是恒定的。这种要求可以通过具有光滑表面的样本或所使用的光学系统的放大率与CCD传感器之间相匹配来实现。受光学成像系统分辨率限制(阿贝准则约束),采用CCD传感器对最小采样单元进行成像检测,以此来确定光学系统放大率。只有从最小成像单元得到成像,空间相移算法才不会降低重建的全息相位图的横向分辨率。

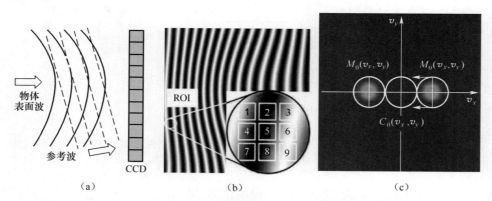

图11-7 (a)在CCD传感器上形成干涉图;(b)3×3像素的ROI干涉放大图;
(c)具有特征指示分量的离轴干涉图(b)的傅里叶变换

对于没有样本的区域,$\Delta\varphi_I(x,y)$可以通过数学模型[Lie04]近似:

$$\Delta\varphi_I(x,y) = \phi_{R,k}(x,y) - \phi_o(x,y) = 2\pi(K_x x^2 + K_y y^2 + L_x x + L_y y)$$

(11-11)

式中:K_x、K_y为在数字全息显微镜中常用的物体表面波的发散度和显微镜的特性参数;L_x和L_y因子为由于实验装置的离轴设置而导致的O和R之间的线性相位差。

为了 $I_k(x,y)$ 定量获得相位测量结果,可以将式(11-11)代入式(11-10),通过求解方程组计算出每一像素的复杂物体表面波 $O(x,y) = | O(x,y) | \exp(i \cdot \Delta\varphi S(x,y))$(有关详细信息,请参见文献[Lie04])。针对不能直接从图11-6中的设置的几何形状直接充分准确获得式(11-11)中的参数 K_x、K_y、L_x、L_y。它们可在没有样本的全息图区域中,通过迭代拟合获得[Car04]。

11.3.2.2 基于傅里叶变换的算法

基于傅里叶变换的空间相移算法(也称为 SCPM 方法)是一种广为人知的高鲁棒性的相位检索方法,在文献([Kre05],[Kre86],[Bon86])中进行了介绍。将 Hann 窗口函数 $h_1(x,y)$ 和傅里叶变换应用于 x 方向的载波条纹的空间相移干涉图 $I(x,y)$,其在频域中的分量可以写为

$$\mathrm{FT}[h_1(x,y) \cdot I(x,y)] = \mathrm{FT}[h_1(x,y)] * \mathrm{FT}[I(x,y)]$$
$$= C_0(v_x, v_y) + M_\delta(v_x, v_y) + M_{-\delta}(v_x, v_y) + B(v_x, v_y)$$
(11-12)

式中:* 为卷积的符号;C_0 为位于中心的傅里叶域中的零阶(图11-7(c));参数 M_δ 和 $M_{-\delta}$ 为从零阶起偏移了载波条纹频率 δ 和 $-\delta$ 的结构信息;分量 B 为背景分量。该算法对完全相同的对称分量 M_δ 和 $M_{-\delta}$ 进行定位,消除 M_δ 并将 $M_{-\delta}$ 移动到原点。然后,对进行修正傅里叶变换进行傅里叶逆变换(图11-7(c)),并通过以下公式获得相位(模 2π):

$$\varphi_0(x,y) = \arctan\{\mathrm{Im}[\mathrm{FT}^{-1}(M_\delta)] / \mathrm{Re}[\mathrm{FT}^{-1}(M_\delta)]\}$$
(11-13)

11.3.3 相位恢复和解释

在确定了由待测样件引起的相位差 $\Delta\varphi_S(x,y)$ 之后,采用空间相移算法逐行相位展开过程[Kre05]消除了 2π 模糊度。针对基于傅里叶变换的算法,通常使用在频域中运行的相位展开[Sch03]。展开的相位分布表示定量的相位对比图。对于如图11-6(b)所示的反射光模式,可以根据相位分布 $\Delta\varphi_S(x,y)$ 计算反射样件 z_S 的形貌:

$$z_S(x,y) = \frac{\lambda}{4\pi} \Delta\varphi_S(x,y)$$
(11-14)

通常使用泽尼克多项式对面形误差进行评价[Mal07]。Forbes 多项式[For07]是一种最新的低动态性非球面的替代方法。由于采用泽尼克拟合时需要相对较长的计算时间,并且其高阶表示较为复杂,因此,本章采用更直观的 Forbes 多项式来拟合面形。这需要将非球面的规范表达中的横向变量进行归一化处理。

11.3.4 复杂物体表面波的传输

虽然所提出的重建方法能够在全息图的记录过程中对物体表面波清晰聚焦,这有助于实验校准,但更需要注意后续待测波的传播及聚焦。前文提到的基于衍

射的传播方法可以用于重构复杂物体的表面波,可采用利用菲涅耳衍射积分在与全息图平面不同的平面中实现了数字全息图的重建。在样本散焦成像的情况下,通过卷积计算将全息图平面 $O(x_0,y_0,z_0)$ 中重构的物体表面波向位于自动聚焦位置的聚焦像面偏移距离 d, $d = d_{AF}$ [Sch02]:

$$O(X,Y,z=d) = \Gamma^{\mathrm{I}}(X,Y)A \times \mathrm{FFT}^{-1}\left\{\begin{array}{l}\mathrm{FFT}[\Gamma^{\mathrm{H}}(x_0,y_0)O(x_0,y_0,z_0)] \\ \times \exp(\mathrm{i}\pi d(\xi^2+\eta^2))\end{array}\right\}$$

(11-15)

式中:Γ^{I} 和 Γ^{H} 为波前;$A(d)$ 为常复函数;FFT 为傅里叶变换操作;x 和 y 为空间坐标;ξ 和 η 为频谱坐标。该算法保留了恒定的图像比例,因此,特别适用于解算重构图像清晰度。全息图平面 $O(x_0,y_0,z_0)$ 中的重构物体表面波常常由于光学系统中的像差而失真。数值参量透镜(NPL)的概念是数字全息显微镜(DHM)中的常见特征,通过引入因数 Γ^{I} 和 Γ^{H} 来实现波前重构优化[Col06]。

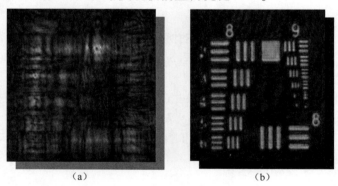

图 11-8 记录的全息图(a);将复杂波传播到清晰的图像平面(b)

11.3.5 自动聚焦算法

有多种方法和应用可以量化、评估图像清晰度。常见波动光学自动聚焦技术可应用于紧凑型相机摄影和明场显微镜,在对成像系统或工作台进行机械扫描时,确定图像锐度并使其最大化[Geu00]。在数字全息自动聚焦中,通过改变式(11-15)中距离 z,用数字化自动聚焦代替机械扫描,进而实现对复杂物体表面波 O 的重构(图 11-8)。

与常见的自动聚焦技术类似,自动聚焦位置的确定,需要有一种确定图像清晰度的鲁棒算法。通过确定对数加权的累积傅里叶谱(对数功率谱),可以得出特别适用于确定重构振幅分布的图像清晰度的算法。焦点 $f_{\mathrm{PS}}(z)$ 取决于传播距离 z,由下式计算得出:

$$f_{\mathrm{PS}}(z) = \sum_{x',y'} \log[1 + |\mathrm{FFT}[|O(x,y,z)|]|]$$

(11-16)

第 11 章 光学表面的原位和在线测量

式中：x' 和 y' 为傅里叶时域上的位置。

另一种方法是总模量差（SMD）法：

$$f_{\text{SMD}}(z) = \sum_{x=0}^{n-1} \sum_{y=0}^{m-1} \sqrt{\left(\frac{\partial |O(x,y,z)|}{\partial x}\right)^2 + \left(\frac{\partial |O(x,y,z)|}{\partial y}\right)^2} \quad (11-17)$$

还有一种方法是采用拉普拉斯算子：

$$f_{\text{LP}}(z) = \sum_{x=0}^{n-1} \sum_{y=0}^{m-1} (\nabla^2 |O(x,y,z)|)^2 \quad (11-18)$$

作为比较图像焦点的一种方法（图 11-9），我们引入重构波和传播波的像素值的方差作为度量指标：

$$f_{\text{Var}}(z) = \text{Var}[|O(x,y,z)|] \quad (11-19)$$

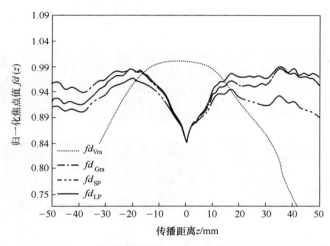

图 11-9　对图 11-11 中样件的展开相位分布的焦点值：中心位置的明显下降表明，该点为除了方差 fd_{Var} 之外，聚焦算法的全局最小值

11.3.5.1　焦平面搜索策略

在整个传播范围 $A_z=[-10\text{cm},10\text{cm}]$ 内确定聚焦值曲线的极值是非常低效的。为了在不降低精度的前提下加快极值定位，采用了爬坡搜索策略[He03]。第一步，以较大的步长扫描整个搜索范围；粗略地确定极值的位置。第二步，依据成像系统的景深，选择最小扫描步长，对检测到的极值邻域进行搜索。该过程如图 11-10 所示。细实线表示通过扫描整个间隔获得的纯相位对象的归一化焦点值函数。首先，爬坡搜索策略以大步长（垂直虚线）扫描整个搜索范围；然后根据最小聚焦值邻域位置确定的扫描范围，以最小可用步长（垂直实线，见图 11-11）进行第二次扫描搜索。图 11-12 给出了抛光机中集成的光学表面干涉仪和塑料光学元件注塑成型设备上集成的模具测量设备。

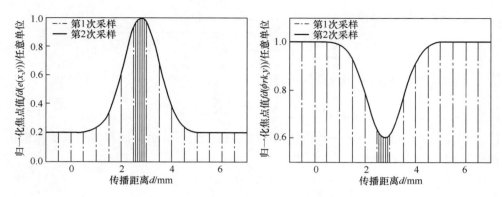

图 11-10 "爬坡搜索"迭代策略的示意图

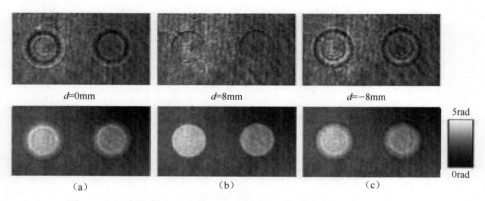

图 11-11 在反射光学表面上高度为 50nm 微结构的振幅和相位分布
(a)在全息图平面中重构的波前;(b)将波传播到具有最大图像清晰度;(c)反向传播图像。

图 11-12 抛光机中集成的光学表面干涉测量设备(a)和
塑料光学元件注塑成型设备上集成的模具测量设备(b)

11.3.6 装置的自动调整

为了实现干涉测量系统的自动化,采用了具有六自由度定位的六足调整平台架设集成的计算机全息图(CGH)装置,该装置能够测量非球面甚至自由曲面。通过对干涉图的二维快速傅里叶变换(FFT),确定第一阶的质心,可以容易地实现对设备的微调。自动配准的常见策略有单变量和多变量优化方法,如单纯形优化、统计优化、模拟退火和神经网络[Mis00]。

11.4 小　　结

将标量基尔霍夫理论和光线追踪方法的数学形式相结合,描述了光波在自由空间和光纤内部的传播。在 Matlab 软件中实现相应的仿真算法,得到了基于散斑的粗糙度测量装置的仿真工具。通过仿真进一步对整体粗糙度测量方法进行改进。由于采用的是波长 $\lambda = 405\text{nm}$ 的短波激光,粗糙度测量值在 $R_q = 1 \sim 50\text{nm}$ 范围内时的分辨率得到了明显提高。此外,可以根据粗糙表面的横向相关长度来估计最小的照明光斑直径,从而实现对粗糙度的充分表征以及较高的横向分辨率。根据光纤波导的设计,通过仿真得到了一个紧凑的测量装置。该装置总长度约为100mm,能够集成到超精密机床中,并进行原位或在线粗糙度测量。

利用数字全息干涉技术与空间相移方法结合,可以实现更高的鲁棒性检测。采用数值重新聚焦功能够实现更快速的测量,而无须机械聚焦。基于 Forbes 多项式可以更直观地表达非球面的面形误差。

致　　谢

本研究属于德国跨区域科研合作重大专项项目 SFB/TR 4"复杂光学元件的复制工艺链"的一部分工作,作者感谢德国研究基金会(DFG)为本研究提供资金支持。

参 考 文 献

[Bas95] Basano, L., Leporatti, S., Ottonello, P., Palestini, V., Rolandi, R.: Measurements of Surface Roughness: Use of a CCD Camera to Correlate Doubly Scattered Speckle Patterns. Applied Optics 34, 7286 – 7290 (1995)

[Ben99] Bennett, J. M., Mattsson, L.: Introduction to Surface Roughness and ScatteringOptical Society of America, 2nd edn., Washington(1999)

[Bon86] Bone, D. J., Bachor, H. – A., Sandeman, R. J.: Fringe – pattern analysis using a 2 – D Fourier transform. Appl. Opt. 25,1653-1660(1986)

[Bro84] Brodmann,R. ,Gast,T. ,Thurn,G. :An Optical Instrument for Measuring the Surface Roughness in Production Control. Annals of the CIRP 33(1),403-406(1984)

[Car04] Carl,D. ,Kemper,B. ,Wernicke,G. ,von Bally,G. :Parameter-optimized digital holographic microscope for high resolution living-cell analysis. Appl. Opt. 43,6536-6544(2004)

[Col06] Colomb, T. , Montfort, F. , Kühn, J. , Aspert, N. , Cuche, E. , Marian, A. , Charrière, F. , Bourquin, S. , Marquet,P. ,Depeursinge,C. :Numerical parametric lens for shifting,magnification,and complete aberration compensation in digital holographic microscopy. JOSA A 23(12),3177-3190(2006)

[Dro95] de Droot,P. J. :Vibration in phase shifting interferometry. J. Opt. Soc. Am. 12(2),354-365(1995)

[For07] Forbes,G. W. :Shape specification for axially symmetric optical surfaces. Optics Express 15(8),5218-5226 (2007)

[Geu00] Geusebroek,J. -M. ,Cornelissen,F. ,Smeulders,A. W. M. ,Geerts,H. :Robust autofocusing in microscopy. Cytometry 39,1(2000)

[Goo96] Goodman,J. W. :Introduction to Fourier Optics,2nd edn. McGraw-Hill,New York(1996)

[He03] He,J. ,Zhou,R. ,Hong,Z. :Modified fast climbing search auto-focus algorithm with adaptive stepsize searching technique for digital camera. IEEE Transactions on Consumer Electronics 49,257(2003)

[Kre05] Kreis,T. :Handbook of Holographic Interferometry:Optical and Digital Methods. Akademie Verlag,Berlin (2005)

[Kre86] Kreis,T. :Digital holographic interference-phase measurement using the fouriertransform method. J. Opt. Soc. Am. , A 3,847-855(1986)

[Lee87] Lee,C. S. ,Kim,S. W. ,Yim,D. Y. :An In-Process Measurement Technique Using Laser for Non-Contact Monitoring of Surface Roughness and Form Accuracy of Ground Surfaces. Annals of the CIRP 36(1),425-428(1987)

[Leh00] Lehmann,P. ,Goch,G. :Comparison of Conventional Light Scattering and Speckle Techniques Concerning an In-Process Characterization of Engineered Surfaces. Annals of the CIRP 49(1),419-422(2000)

[Leh99] Lehmann, P. :Surface-Roughness Measurement Based on the Intensity Correlation Function of Scattered Light under Speckle-Pattern Illumination. Applied Optics 38(7),1144-1152(1999)

[Lie04] Liebling,M. ,Blu,T. ,Unser,M. :Complex-Wave Retrieval from a Single Off-Axis Hologram. J. Opt. Soc. Am. ,A 21(3),367-377(2004)

[Mal07] Malacara,D. :Optical shop testing,pp. 547-655. Wiley,NewJersey(2007)

[Mis00] Mischo, H. , Bitte, F. , Pfeifer, T. : Model-basedoptimizationofinterferometersfor testing aspherical surfaces. Accepted as Oral Presentation for Laser Interferometry X:Applications at the SPIE 2000 Annual Meeting,San Diego,USA(2000)

[Pat10] Patzelt, S. :Simulation und experimentelle Erprobung parametrisch-optischer Rauheitsmes- sprozesse auf der Basis von kohärentem Streulicht und Speckle- Korrelationsverfahren,Dissertation Universität Bremen, Prof. Dr. -Ing. G. Goch Forschungsberichte über Messtechnik,Automatisierung,Qualität swissenschaft und Energiesysteme,vol. 4. Mainz-Verlag,Aachen(2010)

[Pat06] Patzelt, S. , Horn, F. , Goch, G. :Fast Integral Optical Roughness Measurement of Specular Reflecting Surfaces in the Nanometer Range. In:XVIII IMEKO World Congress,Metrology for a Sustainable Development,Rio de Janeiro(2006);CD-ROM:TC2-4

[Pet79] Peters,J. ,Vanherck,P. ,Sastrodinoto,M. :Assessment of Surface Topology Analysis Techniques. Annals of the CIRP 28(2),539-554(1979)

[Pet65] Peters, J. : Messung des Mittenrauhwertes zylindrischer Teile. VDI-Berichte 90, 27-31(1965)

[Rob93] Robinson, D. W. , Reid, G. T. : Interferogram Analysis. IOP Publishing, Philadelphia(1993)

[Sch02] Schnars, U. , Jüptner, W. : Digital recording and numerical reconstruction of holograms. Meas. Sci. Technol. 13, R85-R101(2002)

[Sch03] Schofield, M. A. , Zhu, Y. : Fast phase unwrapping algorithm for interferometric applications. Optical Letters 28(14)(2003)

[Thw80] Thwaite, E. G. : Power Spectra of Rough Surfaces Obtained by Optical Fourier Transformation. Annals of the CIRP 29(1), 419-422(1980)

[Vor81] Vorburger, T. V. , Teague, E. C. : Optical Techniques for On-Line Measurement of Surface Topography. Precision Engineering 3, 61-83(1981)

[Whi94] Whitehouse, D. J. , Bowen, D. K. , Venkatesh, V. C. , Lonardo, P. , Brown, C. A. : Gloss and Surface Topography. Annals of the CIRP 43(2), 541-549(1994)

[Yos90] Yoshimura, T. , Kazuo, K. , Nakagawa, K. : Surface Roughness Dependence of the Intensity Correlation Function under Speckle Pattern Illumination. Journal of the Optical Society of America 7(12), 2254-2259(1990)

第 12 章

光学元件制造和测量的历史、现在和未来

David Whitehouse

本章主要介绍光学元件制造和测量的历史、现在和未来。遴选出触针式测量方法和光学测量方法这两种具有最佳谱系和最有潜力的测量方法,其中光学测量方法中采用的是扫描白光干涉仪。重点阐述了制造和测量中的关键问题,并介绍了一些未来需求和潜在的研发样例。

12.1 概 述

本章主要研究光学元件及几何面形加工中的测量问题以及几何面形对性能的影响。表面研究技术是一项历史悠久的技术,Leonardo da Vinci、Amonton 和 Coulomb 在 21 世纪之前已做过表面特性的研究。但是,他们的研究大部分是理论性的,应用并不多。抛光是保障光学性能的基础,也是本章前半部分的背景。

12.1.1 光学加工的早期研究

根据 Scott[1] 和 Singer[2] 的研究,玻璃抛光最早被提及是在公元前 782 年,在亚述的尼姆鲁德(Nimrud)的小船上;抛光透镜第一次被提及是在公元前 434 年阿里斯托芬(Aristophanes)的表演中。但天然水晶首饰、印章和燃烧玻璃的切割和抛光工艺可以追溯到公元前 4000 年左右。

通过表面摩擦形成边缘锋利的物体,进而诞生了抛光工艺。早前,人们通过雕刻或者刮擦软材料的方法来标记物体,这种方法比以前的任何形式的绘画都更加困难[3],主要是因为硬物体比涂料更易获得但难以处理。早期"涂刷层"或雕刻是摩西在"出埃及记"[4]中提到:"取两块玛瑙石并在上面刻上以色列儿童的名字。"因此,为了人类生存、化妆品及美容而出现的两种物体之间的相互作用,在人类发展中发挥了重要作用。

12.1.2 材料

由于玻璃透明度良好,长期以来一直是光学应用中的优选材料。但它不像金

属那样易于使用,因为玻璃在常温下不会弯曲,在断裂失效前一直遵守胡克定律。玻璃也很难加工,因为它不像金属一样可以夹持,也没有磁性,通常需要采用某种蜡来固定。当玻璃用于光学目的时与纯装饰作用不同,会有一些限制,因为必须在产生平滑度的同时最大程度地保留其几何形状。

12.2 制　　造

在玻璃上加工曲面来制造透镜与制造反射镜镜坯是不同的。磨削会导致刀具以及工件磨损,因此,刀具需要不断更新。有一种在玻璃上生成曲面的方法,它不需要使用工具,而只用一些磨料即可。利用统计学中的"中心极限定理"把两块材料一起摩擦,如果生成机制的随机程度足够高,那么生成的几何面形就会呈高斯分布。因此,在三维空间中,两个接触体之间的颗粒的随机研磨将在一个正方向和另一个负方向上产生一条曲线,即一个凹面和一个凸面,并且两个均为球形。因为描述坐标 x、y、z 在元件上的位置的定律是高斯定律,因此,有

$$f(x,y,z) = \text{Const} \times \exp\left(-\frac{x^2+y^2+z^2}{2\sigma^2}\right) \quad (12-1)$$

从式(12-1)中可以看到,描述空间相位(即位置)的参数是球体公式。

两块玻璃在一起摩擦总会产生曲率相同但符号相反的凹面和凸面。怀特豪斯(Whitehouse)[5]开发了一种技术避免了这种现象,并且在这一过程中提供了一种生成光学平面的方法。他是利用3块玻璃而不是上面提到的2块玻璃来实现的。通过成对地依次摩擦3块玻璃,很容易消除产生曲线的趋势。其结果是出现3个扁平件而不是两个曲面件。这种方法既精巧又简单。

虽然曲面是加工光学系统的先决条件,但通常要求加工出来的曲面表面是光滑的,这样就不会有光散射。出于这一原因,采用了抛光工艺。但是,还有另一个并不明显的要求,即实际的透镜必须是圆形的,以便将其正确地装配到仪器设备中。这一要求也是20世纪50年代初 Taylor Hobson 公司的 R. E. Reason 开发圆度仪的原因之一。

12.3 仪　　器

12.3.1 早期的测量方法

最直观的方法是用眼睛和指甲:前者用于光学评估,后者主要用于涉及机械应用的元件(如齿轮和凸轮)的粗糙度评估。

12.3.2 早期测量粗糙度的光学方法

早期测量粗糙度最简单的方法是朗伯(Lambert)方法[6],将抛光后的物体以锐角倾斜,直到反射面看起来呈镜面,即可以在该表面中看到光源。这是在具有轻微凸面曲率的路径上从远处看到的效果。当从光路中粗糙度最高处散射的光与从光路中粗糙度最低处散射的光之间的光程差约为 $\lambda/4$,其中 λ 是光的波长,则会发生有效反射。

$$\theta_L \approx \arcsin\left(\frac{\lambda}{8R_t}\right) \quad (12-2)$$

可以通过肉眼估计该角度大小,从中可以得出一些有关表面(即光路)的峰谷粗糙度 R_t 的设想。图 12-1 中最上面的两副图中的视图 2 是上述轮廓的平面图。

另一种早期的方法则依赖于收集全部的散射光,即总积分散射 TIS:

$$\text{TIS} \approx \left(\frac{4\pi R_4}{\lambda}\right)^2 \quad (12-3)$$

其示意图如图 12-1 所示。根据该 TIS 值,可以估算均方根粗糙度 R_q。图 12-2 显示了一种基于光泽度的纯粹的比较方法,其中光源的散射光用两个或多个探测器从不同角度采集,一个是镜面角度,另一个与光源成一定角度。图 12-3 为光泽度仪的测量原理。

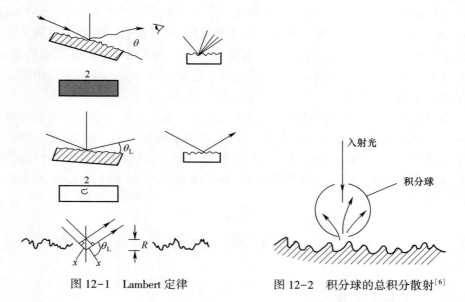

图 12-1 Lambert 定律　　　　图 12-2 积分球的总积分散射[6]

表面质量按以下比率估算:

第 12 章 光学元件制造和测量的历史、现在和未来

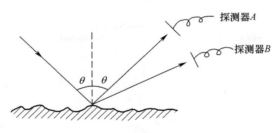

图 12-3 光泽度仪的工作原理[6]

$$表面质量估算比率 = \frac{A - B}{A + B} \quad (12-4)$$

当表面完全平滑时,所有的光都被反射到探测器 A 上,比率为 1;而如果表面粗糙,则散射到探测器 A 中的光与探测器 B 相同,比率为 0。这种方法既简单又实惠,但它是一种比测器,仅用于在表面精加工时提高质量。

12.3.3 早期测量粗糙度的触针式方法

在 21 世纪,首次尝试制作检测仪器的工作或许是 1919 年英国国家物理实验室(NPL)的汤姆林森(Tomlinson)所做的[7],他设计了一种较为简易杠杆系统,将机械表面轮廓放大 20 倍。有了足够的放大倍率能够看清表面细节,但技术并没有较大的进展。

真正开始研发表面仪器的人是 Schmaltz。1929 年,他开发了第一台触针式仪器,并开始尝试采用光学方法进行实验。

Schmaltz 的设计原理很简单,他在一些大公司(如通用汽车和福特公司)的生产部门看到过工作人员通过用指甲刮擦表面来评估其韧性,有时在带状照明灯下倾斜表面进行观察。Schmaltz 的想法是用触针式仪器取代指甲,通过成像光学技术取代眼睛[8]。

虽然这两种仪器在当时都不实用,但这两种仪器启发了通用汽车公司的 Abbott 博士[9],1936 年,他通过将其改为电气探针输出,从而实现了放大倍率的大幅提升。输出值被放在一个仪表上供相关人员查看。但它仍缺乏在车间的长久使用记录。1939 年,Taylor Hobson 公司的 R. E. Reason 先生通过增加了一个图表记录仪取得了实质性成果。因此,轮廓曲线仪诞生了,它通过跟踪机制在整个表面上移动触针来实现测量。他还撰写了第一本关于设计触针式仪器的书[10]。

图 12-4 给出了轮廓仪的原理示意图。

12.3.4 早期测量面形的光学方法

将被测表面放置在平整的参考表面上,并用准直的单色光束照射,就产生了牛

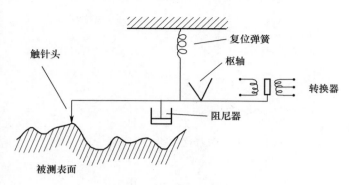

图 12-4 轮廓仪原理示意图

顿环(实际上是胡克环)。与环的半径 r 相对应的矢高 h 为

$$h = \frac{r^2}{2R-h} \approx \frac{r^2}{2R} = \frac{m\lambda}{2n} \tag{12-5}$$

尽管有时会用这种方法计算光源的波长,而不是弯曲部分的半径,但从中可以估算 R 值。

12.3.5 早期采用接触法测量曲率的方法:球径仪法

球径仪法首先将三脚架放置在平整的表面上,将位于框架中心的探针归零;然后将框架放置在被测表面上,调节探针使其与被测表面接触,并在被测表面上记录调节量,如图 12-5 所示。如果调节量为 h,并且从探针到三角架的脚的距离为 r,则被测工件的曲率半径可通过下面公式估算出:

$$R \approx \frac{r^2}{2h} \tag{12-6}$$

注意,这一基本技术与牛顿环方法相同。

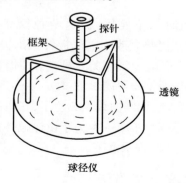

图 12-5 用于测量曲率的球径仪

12.4 现在和未来的表面及测量方法

关于此问题的讨论包括多个方面,因此很难一概而论。例如,现有方法的改进、新的测量方法、关于测量内容的新思路、提升现有方法的成效的分析方法、小型化等特定条件下的研发所带来的挑战。本章不可能涵盖每一个方面(如在光学探测器或能量源方面)的进展或挑战,因此仅考虑趋势。此外,关于时间尺度的问题需要澄清一下,因为与表面有关的工程测量学只有 75 年的历史,所以"过去"和"现在"的概念有些武断。许多基本要求,如表征和筛选一开始就已经隐含了,并且还在发展,所以只能讨论一些主要变化。这部分的核心是认识到主要问题之一,与早期相比,现在需要测量的表面数量和类型已经大大增加,并且需要处理的尺寸规格更小。例如,微结构表面、有图案的表面和自由曲面,需要新的表征、加工和测量的方法。不过最重要的问题是需要开发新的制造技术,这些技术在上述的研究项目中已经成功解决。所有这些考虑因素都是对表面测量方法的重新思考。但是,尽管有这么多变化,优选的基本仪器类型仍然是触针式方法和各种形式的光学检验方法。

12.4.1 触针式仪器与光学仪器的比较

经常会有人问,为什么有了优秀的非接触式光学方法还要使用触针式方法? 第一个原因是很明显的,如果元件的功能是机械的,那么在理想情况下,测量方法也应该是机械的,所以应该用触针测量,如齿轮和凸轮。同样的道理,光学应用中应该使用光学测量方法。这些是对测量学规则的示范性说明。该规则指出,为了获得最佳结果(即高保真度),测量方法应该与功能完全匹配。在光学应用中,有一种情况会违反这种规则:即当待测量的元件的轮廓曲率非常高时。在这种情况下,如果表面在入射点发生倾斜时,检测仪器发出的光线往往因为曲率而偏离法线,导致测试保真度降低。这是物理规律产生的光学后果,与仪器无关。图 12—11 显示了需要采用触针式方法的非球面模具上的高斜率区域 1、2 和 3,此处可以找到 80°的斜率,不适合光学测量。

在光学美容应用或测量精密薄膜时,会存在触针损伤元件的潜在问题,可以通过考虑探针的力和元件的材料属性而避免。一般来说,判断一个印记是否可能是探针导致的,可使用 Whitehouse 设计的"触针损伤预防指数 Ψ"进行评估。

$$\Psi = \frac{1}{\pi} \left(\frac{W}{H^3}\right)^{\frac{1}{3}} \times \left(\frac{E}{R}\right)^{\frac{2}{3}} \frac{1}{1.11^2} \tag{12-7}$$

式中:W 为负载重量;H 为被测材料的硬度;R 为触针尖端半径;E 为弹性模量。从上式中可以看出,决定损伤指数 Ψ 的主要因素是 R 和 E。

可以看出,如果没有任何损伤,则损伤指数 ψ 必须在可接受的范围内。该标准见参考文献[11]。

当 $\psi>1$ 时,弹性压力大于硬度,可能会造成损伤;

当 $\psi<1$ 时,没有损伤。

实际上,上述公式中难确定的参数是 W 和 H。W 是传感器横穿表时的有效负载重量。它包括触针对表面施加的动态力及静态力。动态力的最大值为 $2W$,其中 W 为静态负载重量。这个力作用在波谷处,如果有触针导致的损伤则是在波谷处最大,而不是波峰处。

另一个难确定的参数值是 H。大多数人认为在这样的计算中应该用 H 的体积值,即当表面压入数十微米时获得的硬度值,但该硬度值不正确,硬度值应为表皮硬度。表皮硬度是当压痕为几分之一微米时获得的硬度值。在这种情况下,有效硬度是体积值的 2~3 倍。例如对于铜,它的 H 值可以是 300 个 VPN,而非 100 个 VPN 的体积值(VPN 是维氏硬度值)。

将这些因素考虑在内,并考虑到导轨有时使用不当,我们发现触针很少造成损伤。如果有任何顾虑,那么可以采取的一种预防措施是通过降低系统的横移速度来降低动态力。表 12-1 中比较了两种基本方法,其中打勾√表示其优势。总的来说,它们在效用方面几乎是相当的。具体孰优孰劣,取决于我们使用的应用场景及要求。对于表面光学表面的检测方式选择,参见 Ogilvy 的研究[12]。

表 12-1 触针式方法与光学方法

触针式方法	光学方法
可能损伤	无损伤√
测量几何形态√	测量光程
探针尺寸和角度无关√	探针分辨率和角度有关
触针可以中断	探针不中断√
对工件的倾斜不敏感√	仅允许有限的倾斜
速度相对慢	可以超快速扫描√
去除不想要的碎片和冷却液√	测量任何值
可用于测量物理参数	只有光学路径及几何形态,如硬度和摩擦力√
可接受所有尺度的粗糙度校正√	很难通过标准校正
时间和空间影响/动态	空间影响/几何效应

12.4.2 纹理和形状

传统上,纹理与形状是分开测量的,通常使用两种仪器,一种用于测量形状,另一种用于测量纹理。然而测量形状时尺寸大得多,如果总是用探针去测量形状,就意味着会丢失纹理细节;如果用探针测量纹理,可覆盖的形状范围又太小,无法使用。在这种情况下,开发了一种有用的仪器,它能够利用到触针方法和光学元件的某些最佳特性,称为表面轮廓仪(form talysurf)。它使用直线基准同时测量形状和纹理,如图12-6所示。

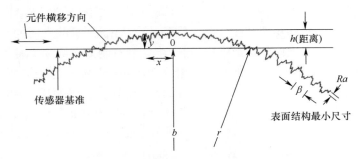

图12-6 采用一种基准同时测量形状和纹理的表面轮廓仪

可以看出,采用横移方式能够测量粗糙度和形状的一部分(在本例中为圆弧)。该技术的关键是要有一个机械传感器和一个光学传感器。在图12-7中,关键光学元件是一个圆柱形光栅,它围绕一个精密的枢轴旋转,并通过低功率激光二极管发出的准直激光束对其进行照射。经过特殊设计的光学元件可以检验生成的衍射图案。该方法可以检测到探针的弧形运动并补偿探头在表面上的法向入射引起的变化。这种设置可以实现非常高的分辨率和大范围的探针运动。

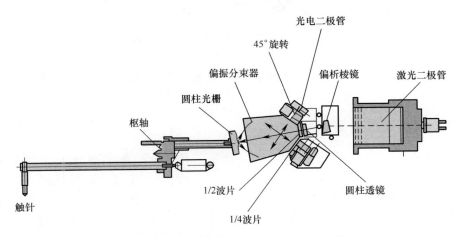

图12-7 高分辨率大范围触针式系统(Taylor Hobson PGI系统)

为了保证仪器的有效性,分辨率最低需要达到 10^{-6}。这种系统具有相当大的优势,不仅可以同时测量两个特征,而且当使用两个独立的仪器时,仪器仅需要校准一次,无须进行两次校准。这是该"集成"测量系统的基础。

目前有多种类型的触针可以用于测量光学元件的形状。常见的触针材料有两种:一种是传统的宝石(如红宝石或蓝宝石);另一种是氮化硅。对于小型模具和凹面光学元件,通常使用 300μm 的红宝石球头。半径为 800μm 的氮化硅球头通常可用于测量金刚石切削材料(如锗)。这样做的另一个优点是可以减弱测量某些塑料时偶尔产生的检测初期共振。对于纹理及形状来说,目前常用的是锥形触针。它具有一个合并成圆锥体的球形锥尖,通常由金刚石制成。尖端半径为 1μm、2μm 或 5μm,并且可以选择锥角。典型角度值为 30°、40° 或 90°,具体取决于应用。需要注意的是,锥肩的角度可以与锥尖本身的细节相结合,以便进行精细的纹理测量,除了 1μm 或 2μm 的锥尖半径之外,还应使用 30° 的锥角。锐角型触针适用于测量大角度光学元件,如微透镜阵列和小型非球面模具。但是这种类型的触针应谨慎使用,因为它很脆弱。40° 触针更稳固,如图 12-8 所示。

图 12-8　2μm 锥尖 40°角的金刚石触针

通常可以通过延长触针臂长来增加垂直测量范围。建议最大臂长不超过 240mm。

12.4.3　高陡度表面

触针装置适用于需要进行大范围测量及具有高分辨率、高性能的光学元件。示例之一是用于各种消费品的光学元件中的非球面透镜模具的测量,如手机相机镜头和光学存储设备。它们的直径通常在 1~5mm,角度很陡,并且在最难接近的地方需要呈非球面几何形状。触针装置可调节高达约 80° 的角度,从而能够测量"蓝光",即短波光学元件及模具。形状和纹理的测量样例在图 12-9~图 12-11 中给出。

第 12 章 光学元件制造和测量的历史、现在和未来

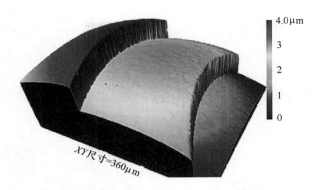

图 12-9 利用触针测量的衍射透镜的典型区域

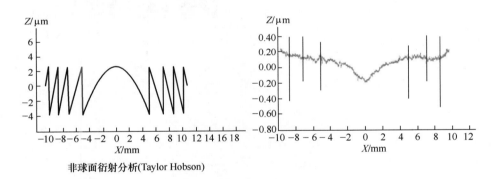

非球面衍射分析(Taylor Hobson)

图 12-10 非球面衍射元件的形状和纹理

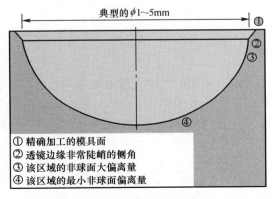

① 精确加工的模具面
② 透镜边缘非常陡峭的侧角
③ 该区域的非球面大偏离量
④ 该区域的最小非球面偏离量

图 12-11 非球面模具上最适合利用触针式方法进行评估的区域

12.4.4 新表面、新挑战

图 12-12 给出了当前需要测量的 3 种新型表面,它们分别是结构化表面、有图案的表面和自由曲面。当前正在通过触针式方法和光学方法对这 3 种表面进行研究和测控。

结构化表面和有图案的表面(如菲涅耳透镜、后向反射镜、微研磨表面等)是众所周知的,如图 12-12 所示。

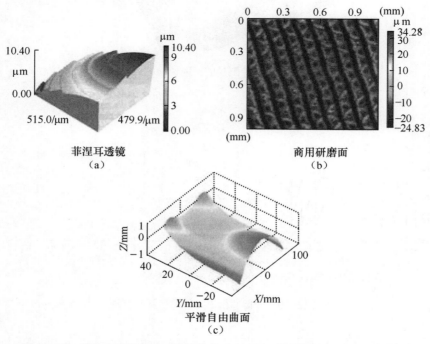

图 12-12 新的表面挑战(a)结构化表面、(b)有图案的表面和(c)自由曲面

12.4.5 自由曲面

图 12-13 显示了使用自由曲面光学系统的基本理念之一。与使用多个简单元件组成的复杂系统来实现光学波前相比,用更少或甚至仅用一个可以得到相同结果的复杂元件代替它们,在原理上是可能的。这些替代曲面通常被称为自由曲面,并且是非欧几里得曲面,没有确定性公式可以描述它们:曲率随着点的不同而变化。图 12-14 所示是一些复杂的自由曲面形状。假设斜率较低,可以使用光学方法测量这些表面(如白光干涉测量法),但是对于大斜率表面,则使用触针式方法测量。图 12-15 为自由曲面反射镜的一个示例。它用在平视显示器中,其中薄膜晶体管产生一种图案,投影到汽车或飞机挡风玻璃上。

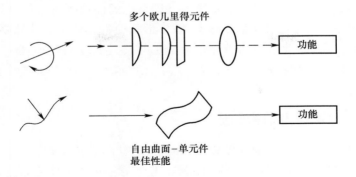

图 12-13 所采用的光学自由曲面概念

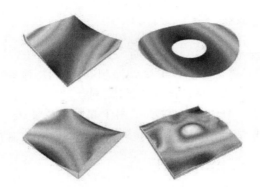

图 12-14 一些复杂的自由曲面形状

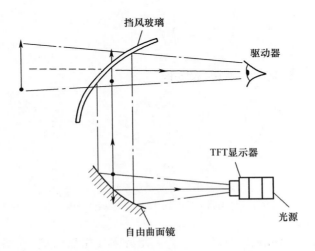

图 12-15 采用自由曲面镜的平视显示器

自由曲面光学元件通常用于导弹和飞机系统的保形光学系统。在这些系统中，光学传感器必须穿过表面蒙皮观察，蒙皮形状要符合特定的外部要求（如最小的气动阻力）。窗口形状是由非光学因素决定的，这意味着在探测器上存在严重的像差，必须由具有复杂自由曲面的另一光学元件或在接收信号之后通过软件来修正。

12.4.6 光学测量方法的趋势

触针式方法虽然稳定，但速度较慢，而光学方法虽然速度快，但对外部影响更为敏感。因此它们有各自的优选应用领域。光学方法在改善性能方面具有更多选择，其中包括共焦法和白光干涉测量法，下面将对其进行简要的介绍。当然，还有很多其他潜在的选择。

12.4.7 共焦光学系统

共焦光学系统是一种在待测样件附近放置一个针孔的光学系统，它可以将不完全聚焦在物体上的光进行限制并汇聚到探测器，从而提高系统的信噪比。它是一种非常简单且精巧的方式，能使图像更清晰，对比度更高。图 12-16 给出了该原理的两个实例。图 12-16(a)示例说明了用于观察不透明表面的设置，图 12-16(b)显示了观察半透明表面的相应配置。从该图中可以清楚地看出"共焦"一词的来源：它来源于物体左右两侧光学系统之间的对称性。

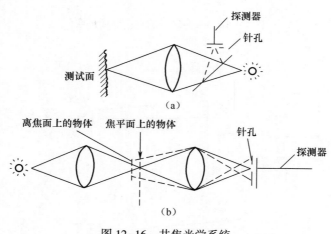

图 12-16 共焦光学系统
(a)用于不透明物体；(b)用于半透明或相位物体。

荷兰的蒂夫蒂奇(Tiftikci)曾经设计了一种数字共焦显微镜，它是初级共焦仪的重要改型，如图 12-17 所示。

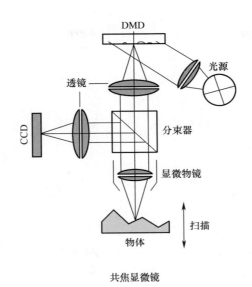

共焦显微镜

图 12-17　基于微反射镜的数字共焦显微镜[13]

Tiftikci 将数字微反射镜装置(DMDTM)用作虚拟照明针孔阵列,将 CCD 用作虚拟探测器针孔阵列。通过精确控制 DMD 和 CCD 像素扫描,实现点照明和点探测。使用微反射镜后不再需要 x、y 轴上的机械扫描运动,从而减少了潜在的振动源[13]。由于共焦方法所产生的图像的清晰度非常高,因此在生物学和工程学中得到了广泛使用。但是,随着横向范围的增加,分辨率会降低,这是使用干涉测量法时不会明显出现的一个因素。这只是扫描白光干涉仪使用量急剧增加的原因之一,该干涉仪还被认为是测量表面、薄膜和涂层的最有效的光学仪器。还有许多其他良好的光学技术,如全息、散斑、外差和莫尔条纹等得到广泛使用,但只适用于有限的应用领域,而且优势似乎没有在宽波段那么明显。带宽和测量模式与条纹的关系如图 12-18 所示,有关其他方法及其应用情况的说明,可参见文献[14]。

12.4.8　扫描白光干涉仪

扫描白光干涉仪(SWLI)越来越受欢迎,因为它可以用作长度的绝对测量仪器。如图 12-19 所示,SWLI 系统是一种采用干涉仪作为物镜的干涉显微镜,干涉仪的单臂或双臂与显微镜筒处于一条直线上,工作时遵循阿贝原理。在这种工作方式下,米洛(Mirau)干涉仪发挥了物镜的功能。当位于半镀银镜上方的参考反射镜与样件的距离相同时,两者之间的光程差为零,此时条纹收缩最大。如果使用单色激光源,则当样件移除时,条纹对比度的下降不会很明显,如图 12-18(a)所示;但是如果使用白光源,如图 12-19 所示,则条纹对比度会随着光程差的变化而变

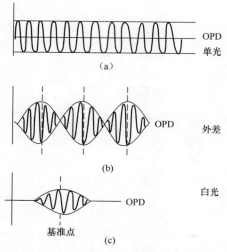

图 12-18　以带宽和测量模式为函数的条纹图
OPD—干涉仪两臂之间的光程差

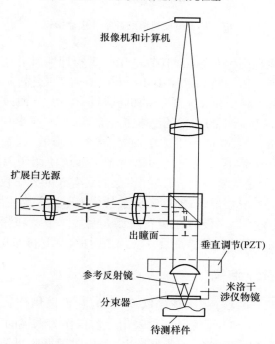

图 12-19　SWLI 系统的示意图

化,如图 12-18(c)所示。描述衰减的函数是相干函数(光源带宽的倒数),它衰减到任意小值(如 $1/e$)的距离被称为相干长度。需要特别强调的是,如果将最大对比度的位置作为参考点,那么可以通过该参考点的条纹对比度直接计算相干长度内的样本的任何位置。每个条纹内的相位测量也可以进行小范围的细化。测量工作是通过将物镜垂直移动进行的,与此同时,记录下相机中每个像素处的强度图案。这种宽波段光源的显微镜被称为扫描白光干涉仪。

扫描白光干涉仪中使用的干涉物镜有两种形式:用于较窄垂直范围但分辨率较高的米洛干涉仪和用于较大范围的迈克尔逊干涉仪,如图 12-20 所示。综上所述,这样就产生一种非常有用的仪器,当需要进行大范围的扫描时,该仪器可用于各种尺寸的光学元件,如图 12-21 所示,通过使用白光干涉仪测量了去除微结构后的模具。

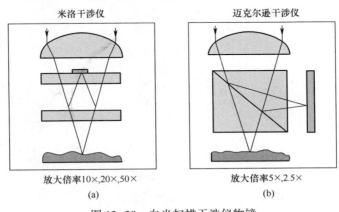

图 12-20 白光扫描干涉仪物镜
(a)米洛干涉仪;(b)迈克尔逊干涉仪。

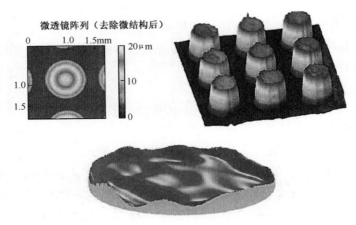

图 12-21 微透镜应用中扫描白光干涉仪的使用情况

12.5 小 型 化

现代计量学要求将计量纳入制造过程中,从而使检查几何特征和补偿校正之间的循环时间达到最小。Jiang 曾尝试通过微型干涉系统实现这一目标,将一个光学探针固定在机床(如一台金刚石切削车床)上,利用一台新型扫描仪从零件上采集信号(图 12-22)。创新之处在于有两台并行的干涉仪,并且它们有一条共用的光路,即通过同一条光缆从处理器传输到探针,从而最大限度地减少了环境影响。通过相位光栅和可调谐激光器实现扫描。前者固定在探头内的空间中,使得零级衍射作用在参考反射镜上并作为基准,一级衍射则聚焦在被测元件上。随着可调谐激光器波长的改变,一级衍射光斑穿过被测元件,从而取代传统的触针式扫描,显著提高了数据采集速度[15]。

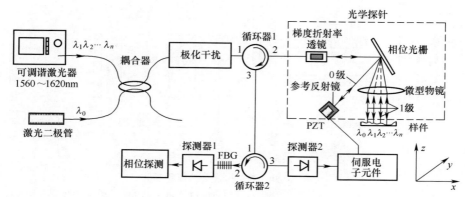

图 12-22　利用闪耀光栅进行波分扫描,对小型多功能坚固耐用仪器的要求越来越高[15]

这种从激光波长到表面空间位置的转换代表的是触针或光学探针之间的中间步骤,通过一种横移装置获得高保真度信号,通过一种快速、简单、低成本光学扫描提供相对粗糙的原始信息。

12.6　软件和数学增强

近年来,光学仪器领域的最重要的进展之一就是利用软件不仅可以提高仪器的性能,还可以改善对仪器的控制。人们不再像过去那样花很多时间进行设置和测量。现在更需要的是自动完成大量测量,同时评估测量的数据,必要时在生产周期中采取相应的补救措施。软件可以通过多种方式提高仪器的性能。包括以下几个方面:

(1) 识别有特定特征噪声信号的检索数据库;
(2) 学习并处理有微小差异的表面神经网络;
(3) 算法:
① 识别和消除反常事件的鲁棒性算法;

②拓宽仪器的横向范围的拼接算法；

③ 建立参考和改进信噪比的数学算法。

（4）指出新方向和帮助验证潜在技术的仿真。

以下是一些示例。

12.6.1 提高衬底的细节分辨率

De Groot 的分析方法可以在一定程度上扩展白光干涉仪的性能[16]。半导体的特性,如晶体管栅极和二元光栅的线宽以及蚀刻深度在几十纳米到几百纳米,远低于分辨率为 0.61λ/NA 的瑞利判据,因此,这种未分辨特征无法作为高度属性以常用的方法通过干涉显微镜直接测量。De Groot 曾断言,一旦了解到此类特征对三维图像的影响,并且相互作用的性质被量化后,通过测量图像就可以估算未分辨特征的尺寸和几何特征,从而获得未分辨特征的深度和宽度。

如图 12-23 所示,De Groot 将以下典型组件作为一个示例。

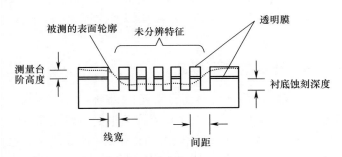

图 12-23　利用白光干涉仪测量亚分辨率

该装置由平均波长为 570nm 的白光 LED 组成,并添加了偏振器作为白光干涉仪的一部分。线性偏振光是一个重要因素,因为它能够提高对特定几何特征(如蚀刻深度)的灵敏度。计算机记录每个像素的强度干涉图与扫描位置之间的函数关系,从而推导出高度。De Groot 偏好使用频域分析实现"严格耦合波分析"(RCWA)方法[17]。这是以 Moharam 等在二元光栅方面的工作为基础的[18]。图 12-24 显示了在干涉仪上测量的台阶高度的 RCWA 预测值(纵轴)与未分辨的蚀刻线深度之间的关系。

12.6.2 厚膜和薄膜测量

众所周知,在扫描白光干涉测量领域中,光学厚度超过相干长度(带宽的倒数)的薄膜可以基于以下事实测量:即这种膜具有对应于每个界面的最大干涉值。但是,对于最大干涉值之间有重叠的薄膜情况,Mansfield 基于"螺旋复场"(HCF)设计了一种巧妙的方案,可以评估薄膜厚度[20](参见 CCI 公司的 Taylor Hobson 轮

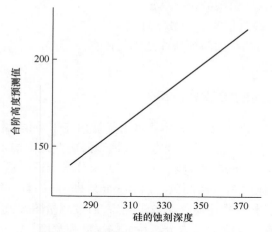

图 12-24 严格耦合波分析（RCWA）[19]

廓仪）。这是一个使用场论解决光学问题的样例。该领域的进一步研究表明，界面处的表面粗糙度也可以估算。由于超薄的薄膜以及涂层在纳米技术中变得越来越重要，因此这类工作尤其具有针对性。

12.6.3 自由曲面模具的特征拟合

新一代光学元件（特别是自由曲面光学元件）面临的最大问题之一是难以测量根据经验确定的公认的面形偏差。这是因为面形的方程是未知的，无法通过定义明确的线性程序进行运算。例如，我们不知道探针（此处假定为触针）将会在何处与哪一任意点接触。出于这个原因，我们正在探索开发一些方法，这些方法本质上是部分迭代的，也利用了二维样条曲线/曲面（如 NURBS）的一些有用属性[21]。样条曲线/曲面具有使参考形状的势能最小化的固有特性，因此，可以提供合理的参考依据，从中判断制造的元件是否满足要求，如图 12-25 所示。

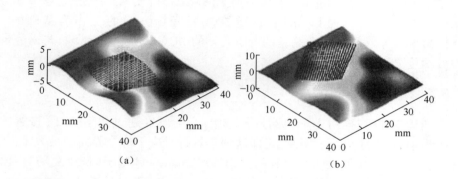

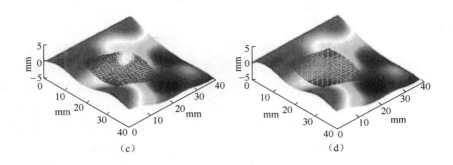

图 12-25　自由曲面拟合[21]

(a)理想位置;(b)变换到新位置;(c)初始拟合结果;(d)最终拟合结果。

12.7　其他事项

在任何一个组件上都有不同尺寸的几何特征混合在一起,这是一个会对现在和将来造成困扰的因素。这就需要进行纳米和微米级的测量,例如需要在毫米大小的组件上查看分子或原子细节,或者需要检查所有尺寸。英国国家物理实验室(NPL)和德国国家物理研究所(PTB)致力于通过开发相关原型仪器,希望通过一台涵盖微米、纳米和原子级别范围的原型仪器来解决这一测量问题。样例如图12-26 所示。

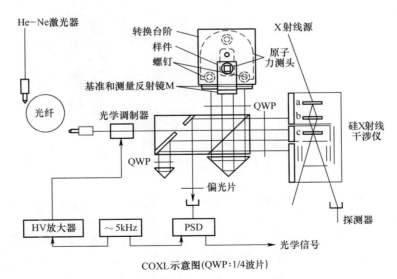

图 12-26　SPM、X 射线和光学干涉仪的组合[22]

Yacoot 和 Koenders[22]已经将 X 射线干涉仪、原子力显微镜(AFM)和光学干涉仪相结合。

在实际操作过程中,X 射线干涉仪和光学干涉仪均有各自的伺服系统,可以使其干涉仪条纹逐个增加,或者将其保持在各个条纹的零位。当两个伺服装置一起使用时,X 射线干涉仪的任何位移都将引起光学干涉仪的移动反射镜发生相应位移。因此,该反射镜的位移量等于一个光学条纹的离散数(158nm,因为它具有双通道配置)或一个 X 射线条纹的离散数(0.192nm,即 220 个硅平面的晶格间距)。这样可以避免光学干涉仪中与非线性相关的问题,因为任何亚光学条纹位移都使用了 X 射线干涉仪(光学干涉仪处于 X 射线干涉仪的随动模式),并且始终锁定在光学条纹的零交叉点处。

另一个实际情况是,大型宏观几何结构、非常精细的表面粗糙度、复杂的面形及公差以及装配中的极端问题会混合在一起。韦伯望远镜就是这种情况的一个实例。该望远镜在 2014 年替代哈勃太空望远镜,从图 12-27 可以看出,其主镜很大,直径为 6.5m,由 18 个六角形子镜组成,各个子镜必须精确地装配在一起,并具有合适的粗糙度、面形和轮廓。这一测量问题的解决方案仍在研究之中,但它说明了未来测量学的一个方向,即在任何一个组件上都将出现越来越多的特征尺寸,并且必须进行并行估算和原位估算。

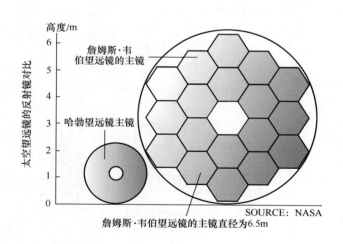

图 12-27 詹姆斯·韦伯望远镜——复杂的集成光学系统

同样,表面的面积测量对于性能预测及过程控制是非常有价值的,但是,需要有先进的拼接技术满足可视化大型光学元件的未来需求,这些光学元件很可能是由多个复杂的元件组成的。图 12-28 显示了由 Chen 等人进行的一次不太可能但很有趣的尝试[23],他们在想办法利用一切廉价但有效的技术来开发系统。该系统主要由一个移动机器人、一个工业控制计算机系统以及一个与全球定位卫星系统相连的机器视觉定位和导航系统组成。该机器人安装了四个轮子,其中两个是脚轮,两个是驱动轮,可以定向从而引导机器人在表面上的行走路径。这种技术最初是为抛光超大自由曲面而开发的,可以与测量系统相结合。无论利用惯性定位系统去定位是否能够成功地帮助改进制造工艺,这种定位系统都是一种能够控制抛光并影响未来大型光学元件的性能的测量案例,过去、现在和未来之间的联系是确定无疑的。

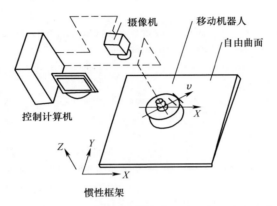

图 12-28 用于协助制造和测量大尺寸自由曲面
光学元件的 GPS 定位设计

12.8 小 结

本章讨论了光学元件的计量和制造方面的几个变化。第一个变化是,从诸如球体和平面等简单元件转移到结构化表面和自由曲面。同时,出现了一种朝着多个微型表面阵列发展的趋势,这就带来了截然不同的测量和制造问题。另一个变化是出现了一种朝着涵盖多种不同尺寸的待测组件的方向发展的趋势。这些问题正在不断拓展着计量行业。目前,在测量仪器方面已取得了进展。具有超大动态范围和高分辨率的触针法可以在非常大的表面角下对粗糙度、形状和曲率进行常规测量。

许多光学、半导体和陶瓷元件可以用非接触方法测量,特别是可以用白光干涉仪来测量。这些仪器和测量方法不断推动着测量技术的发展,很快多层薄膜的界面厚度和粗糙度就可以测量了。

未来最大的潜力可能是利用软件和数学程序提高光学仪器的性能,从而实现全自动测量。

参 考 文 献

[1] Scott, R. M.: Optical Manufacturing. In: Kingslake, R. (ed.) Applied Optics, vol. III, ch. 2. Academic Press, London(1965)

[2] Singer, C., Holmyard, E. J., Hall, A. R., Williams, T. I.: A History of Technology, vol. II, 336 p. Oxford University press, London(1956)

[3] Britain, A., Wolpert, S., Langford, L. M.: Engraving on Precious metals, ix p. NAG press, London(1958)

[4] Exodus. xxvii, 11

[5] Whitehouse, D. J.: Handbook of surface Metrology. Inst. of Physics publishing, Bristol and Philadelphia(1994)

[6] Whitehouse, D. J.: Surfaces and their measurement, Hermes Penton Science, vol. 7. Hermes Penton Science, London(2002); Tomlinson, P.: NPL research report, National Physical Laboratory, UK(1919)

[7] Schmalz, G.: Z. VDI 73, 144−161(1929)

[8] Abbott, J., Firestone, A.: A new profilograph measures roughness of finely finished and ground surfaces. Autom. Ind., 204(1933)

[9] Reason, R. E., Hopkins, Garrott: Rep. Rank Organisation(1944)

[10] Whitehouse, D. J.: Stylus Damage Protection Index. Proc. Inst. Mech. Eng. 214(pt. C), 975(2000)

[11] Ogilvy, J. A.: Theory of wave scattering from random rough surfaces. Adam Hilger, Bristol(1991)

[12] Tiftikci, K. A.: Development and verification of a micro-mirror based high accuracy confocal microscope. Ph. D. Thesis Eindhoven University of Technology(2005)

[13] Whitehouse, D. J.: Handbook of surface and nano metrology, 2nd edn. Taylor & Francis, London(2010)

[14] Jiang, X., Whitehouse, D. J.: Miniaturized optical Measurement methods for Surface Nanometrology. Annals CIRP 55(1), 577−580(2006)

[15] de Groot, P., de Lega, X. C., Leisener, J., Darwin, M.: Metrology of optically unresolved features using interferometric surface profiling and RCWA modelling. O. S. A. Optics Express 16(6), 3970(2008)

[16] de Groot, P., Deck, L.: Surface profiling by analysis of white light interferograms in the spatial frequency domain. J. Mod. Opt. 42, 389−401(1995)

[17] Moharam, M. G., Grann, E. B., Pommet, D. A.: Formulation for stable and efficient implementation of the rigorous coupled wave analysis of binary gratings. J. Opt. Soc. Am. 12, 1068−1076(1995)

[18] Raymond, C. J.: Scatterometry for semiconductor metrology. In: Deibold, A. J. (ed.) Handbook of Silicon Semiconductor Metrology. Marcel Decker Inc., New York(2001)

[19] Mansfield, D.: The distorted Helix: thin film extraction from scanning white light interferometry. In: Proc. SPIE, vol. 2186(2006)

[20] Zhang, X., Jiang, X., Scott, P. J.: A new free-form Surface Fitting Method for Precision Coordinate Metrology. In: 11th International Conference on the Metrology and Properties of Surfaces, Huddersfield UK, pp. 261−266(2007); FIG 2, p. 264

[21] Yacoot, A., Koenders, L.: From nanometre to miilimetre: a feasibility study of the combination of scanning probe microscopy and a combined optical and x-ray interferometer. Meas. Sci. Technol. 14, N 59−N 63(2003)

[22] Chen, G., et al.: Researching of a wheeled small polishing robot for large free form surfaces and its kinematics. In: ICFDM, Tianjin P. R. China(September 2008)

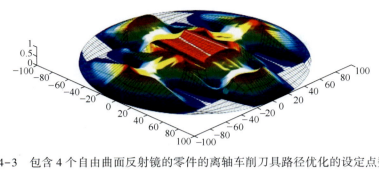

图 4-3 包含 4 个自由曲面反射镜的零件的离轴车削刀具路径优化的设定点数据

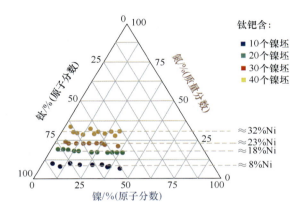

图 10-3 采用辉光放电发光光谱仪（GDOES）测量的 Ti-Ni-N 膜层的化学成分的三元图。膜层采用具有 10、20、30 和 40 个镍坯的不同钛靶进行沉积

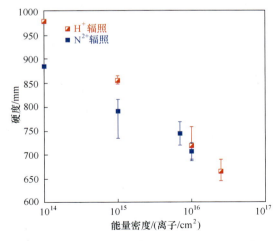

图 10-16 辐照度为 125keV H^+ 和 250keV N^{2+} 时，碱催化膜的厚度与能量密度之间的关系

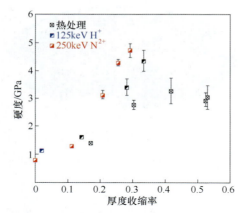

图 10-17　碱催化膜的纳米压痕硬度与膜收缩率之间的函数关系

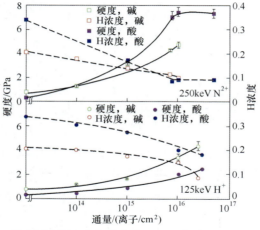

图 10-18　纳米压痕硬度和氢浓度随 H^+ 和 N^{2+} 离子浓度的变化[Qi10]

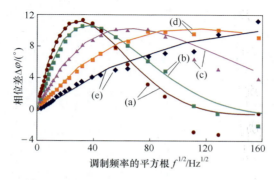

图 10-24　在厚度为 11.7μm(a)、10.0μm(b)、5.3μm(c)、3.2μm(d) 和 1.8μm(e) 的钢圆盘上的 PVD-TiCuN 涂层测量相位曲线